응용헤어커트

APPLY HAIR CUT

헤어미용 직무능력표준 모듈교재

NATIONAL COMPETENCY STANDARDS NCS

이미지 변화에 따른 커트의 수학적 법칙

S M L

프롤로그

본 교재는 NCS기반의 기본헤어커트를 이수한 후 다음 단계인 응용헤어커트에 필요한 커트 교재이다.

커트 분야 NCS에서 요구한 현장실무능력을 갖추기 위한 강의 교재로서 응용헤어커트 교재는 현장경험이 풍부하고 다년간 대학에서 강의를 한 집필진이 펴낸 실전 워크북 형태의 교재이다. NCS 능력단위 요소인 "응용 헤어커트 시술하기"에 중점을 둔 교재이다.

기본헤어커트 부분의 이론을 바탕으로 응용헤어커트를 시술할 수 있도록 구성되어 있다.

전체적인 응용헤어커트의 구성을 보면 NCS 개요, 커트 이론, NCS를 기반으로 한 강의계획서와 주차별 학습 내용 등의 운영지침을 넣었으며 응용헤어커트 능력요소에 맞는 지식, 기술, 태도를 이해하고 그에 따른 수행준거를 잘 이행할 수 있도록 수행평가지침을 넣어 구성하였으며, 모발의 길이에 따라 롱헤어, 미디움헤어, 쇼트헤어 작품의 순으로 구성하였다.

또한 헤어커트 작품에는 각 작품마다 도해도를 제시하고 각 단계별로 사진 촬영하여 단계별 시술 과정을 보여주고 그에 따른 설명을 하여 누구나 손쉽게 헤어커트를 시술할 수 있도록 하였다.
기존 교재와의 차별화는 NCS 관련 부분을 많이 첨가하였고 대학에서 참고, 활용할 수 있도록 하였다.

저자일동은 헤어를 공부하고 사랑하는 이들에게 이 교재가 조금이나마
도움이 되었으면 하는 바람이며 필요로 하는 모든 이에게
알찬 지침서가 되었으면 한다.

마지막으로 이 교재의 출판을 위해 적극적으로 도움을 주신
도서출판 구민사 조규백 대표님과 직원 여러분께 깊은 감사를 드린다.

저자 일동

CONTENTS

01;

APPLY HAIR CUT

응용헤어커트_NCS 개요

1. 교과목 프로파일

대분류	중분류	소분류	세분류
숙박 · 여행 · 오락	이 · 미용	이 · 미용서비스	헤어미용

● 교과목명 (능력단위) : 응용헤어커트 1201010106_14v2

● 능력단위 정의

응용 헤어커트란 고객의 요구, 외형적 특징, 트렌드 등을 반영하여 헤어디자인을 설계하고, 그에 따른 도구와 기법으로 커트하는 능력이다.

● 교과목표

1. 고객의 요구, 신체적 특징, 트렌드를 반영하여 헤어디자인을 설계할 수 있다.
2. 커트의 기본디자인을 혼합하여 다양한 형태를 시술할 수 있다.
3. 여러 도구와 기법을 이용해 커트할 수 있다.

● 교과내용

수행준거	능력단위요소
1.1 고객의 모류, 모량, 모발 성질, 모발 손상 등을 판단하여 디자인을 결정할 수 있다. **1.2** 고객의 얼굴형, 두상, 신장, 체형 등을 판단하여 디자인을 결정할 수 있다. **1.3** 고객의 요구와 상담결과에 의해 디자인을 결정할 수 있다. **1.4** 고객에게 어깨보, 커트보, 가운 등을 착용해 줄 수 있다. **1.5** 헤어커트 유형과 모발 상태에 따라 샴푸 또는 분무기로 모발의 수분량을 조절할 수 있다.	**1201010106_14v2.1 응용헤어커트 준비하기**
2.1 콤비네이션(combination) 스타일에 따라 선택한 커트도구를 사용할 수 있다. **2.2** 콤비네이션 스타일에 따라 선택한 커트기법으로 시술할 수 있다. **2.3** 디자인 요소가 반영된 콤비네이션 스타일로 커트할 수 있다.	**1201010106_14v2.2 응용헤어커트 시술하기**
3.1 고객의 얼굴과 목 등에 묻은 잔여 머리카락을 제거할 수 있다. **3.1** 사용한 헤어커트 도구와 시술한 주변을 즉시 정리 · 정돈할 수 있다. **3.1** 시술 후 고객 만족도를 파악하여 필요한 경우 수정 · 보완하는 헤어커트를 할 수 있다. **3.4** 헤어커트 유형에 적합한 도구와 기법으로 헤어스타일을 마무리 할 수 있다.	**1201010106_14v2.3 응용헤어커트 마무리하기**

- **교육방법 :** 강의, 실습, 발표

- **선수과목 :** 기본 헤어커트, 샴푸

- **평가 시 고려사항**
  - 수행준거에 따른 지식 · 기술 · 태도의 습득 능력
  - 응용 헤어커트 유형의 특징과 시술 기법
  - 블로킹, 슬라이스, 각도 등 헤어커트의 기본 요소에 대한 이해
  - 올바른 헤어커트 자세
  - 고객에게 어울리는 헤어스타일 선정과 트렌드 반영정도
  - 고객만족도
  - 주변 정리 · 정돈 상태

- **평가내용**

교과내용(대단원)		평가방법					
		A	C	F	G	H	L
응용 헤어커트 준비하기	두상의 각 포인트 위치와 명칭에 대해 설명할 수 있다.		✓				
	고객의 모류, 모량, 모발 성질, 모발 손상 등을 판단하여 디자인을 결정할 수 있다.		✓				
	고객의 얼굴형, 두상, 신장, 체형 등을 판단하여 디자인을 결정할 수 있다.		✓	✓			
	고객의 요구와 상담결과에 의해 디자인을 결정할 수 있다.			✓			
	고객에게 어깨보, 커트보, 가운 등을 착용해 줄 수 있다.				✓		✓
	헤어커트 유형과 모발 상태에 따라 샴푸 또는 분무기로 모발의 수분량을 조절할 수 있다.				✓		✓
응용 헤어커트 시술하기	콤비네이션(combination) 스타일에 따라 선택한 커트도구를 사용할 수 있다.		✓				
	콤비네이션 스타일에 따라 선택한 커트기법으로 시술할 수 있다.	✓					
	디자인 요소가 반영된 콤비네이션 스타일로 커트할 수 있다.	✓					
응용 헤어커트 마무리하기	고객의 얼굴과 목 등에 묻은 잔여 머리카락을 제거할 수 있다.				✓		✓
	사용한 헤어커트 도구와 시술한 주변을 즉시 정리 · 정돈할 수 있다.				✓		✓
	시술 후 고객 만족도를 파악하여 필요한 경우 수정 · 보완하는 헤어커트를 할 수 있다.				✓		✓
	헤어커트 유형에 적합한 도구와 기법으로 헤어스타일을 마무리 할 수 있다.	✓					

A. 포트폴리오 B. 문제해결시나리오 C. 서술형 D. 논술형시험 E. 사례연구
F. 평가자질문 G. 평가자 H. 피평가자 체크리스트 I. 일지/저널
J. 역할연기 K. 구두발표 L. 작업장평가 M. 평가

2. NCS기반 강의계획서

<table>
<tr><th>학습환경</th><td colspan="3">헤어 실습실</td><th colspan="3">학습자료</th><td colspan="2">교재</td><th colspan="3">실습장비/
재료</th><td colspan="4">가발, 커트도구, 홀더, 분무기, 어깨보, 커트보, 가운, 스폰지, 미용의자, 거울, 헤어드라이어, 브러시 등</td></tr>
<tr><th rowspan="2">교재 및
참고도서</th><td colspan="3">구분</td><td colspan="8">교재명</td><td colspan="2">저자</td><td>출판사</td><td>출판년도</td></tr>
<tr><td colspan="3"></td><td colspan="8"></td><td colspan="2"></td><td></td><td></td></tr>
<tr><th rowspan="3">수업진행
방식</th><td colspan="3">참고도서</td><td colspan="12"></td></tr>
<tr><td colspan="3">이론강의</td><td colspan="3">실습</td><td colspan="2">발표</td><td colspan="3">토론</td><td colspan="2">팀 프로젝트</td><td>현장견학</td><td>코 · 티칭 등
기타</td></tr>
<tr><td colspan="3"></td><td colspan="3"></td><td colspan="2"></td><td colspan="3"></td><td colspan="2"></td><td></td><td></td></tr>
<tr><th rowspan="2">평가방법/
평가기준</th><td>A</td><td>B</td><td>C</td><td>D</td><td>E</td><td>F</td><td>G</td><td>H</td><td>I</td><td>J</td><td>K</td><td>L</td><td>M</td><td>출석</td><td>계(%)</td></tr>
<tr><td></td><td></td><td></td><td></td><td></td><td></td><td></td><td></td><td></td><td></td><td></td><td></td><td></td><td></td><td></td></tr>
<tr><th>수행준거
(평가내용)</th><td colspan="15">
[응용 헤어커트 준비하기]
1.1 고객의 모류, 모량, 모발 성질, 모발 손상 등을 판단하여 디자인을 결정할 수 있다.
1.2 고객의 얼굴형, 두상, 신장, 체형 등을 판단하여 디자인을 결정할 수 있다.
1.3 고객의 요구와 상담결과에 의해 디자인을 결정할 수 있다.
1.4 고객에게 어깨보, 커트보, 가운 등을 착용해 줄 수 있다.
1.5 헤어커트 유형과 모발 상태에 따라 샴푸 또는 분무기로 모발의 수분량을 조절할 수 있다.

[응용 헤어커트 시술하기]
2.1 콤비네이션(combination) 스타일에 따라 선택한 커트도구를 사용할 수 있다.
2.2 콤비네이션 스타일에 따라 선택한 커트기법으로 시술할 수 있다.
2.3 디자인 요소가 반영된 콤비네이션 스타일로 커트할 수 있다.

[응용 헤어커트 마무리하기]
3.1 고객의 얼굴과 목 등에 묻은 잔여 머리카락을 제거할 수 있다.
3.1 사용한 헤어커트 도구와 시술한 주변을 즉시 정리 · 정돈할 수 있다.
3.1 시술 후 고객 만족도를 파악하여 필요한 경우 수정 · 보완하는 헤어커트를 할 수 있다.
3.4 헤어커트 유형에 적합한 도구와 기법으로 헤어스타일을 마무리 할 수 있다.
</td></tr>
</table>

강의계획서

<table>
<tr><td>교과목명
(코드)</td><td colspan="3">응용헤어커트 [1201010106_14v2]</td><td colspan="3"></td><td rowspan="5">담당교수</td><td>교수명</td><td>(인)</td></tr>
<tr><td>이수구분</td><td>학점(시간)</td><td>강의요일</td><td>강의시간</td><td rowspan="2">교육
장소</td><td>1</td><td></td><td rowspan="2">연구실</td><td rowspan="2"></td></tr>
<tr><td></td><td></td><td></td><td></td><td>2</td><td></td></tr>
<tr><td>수강대상</td><td colspan="6"></td><td>연락처
(HP)</td><td></td></tr>
<tr><td>NCS
세분류</td><td colspan="2">응용헤어커트
[1201010106_14v2]</td><td>능력단위
(요소)명
(코드명)</td><td colspan="3">응용 헤어커트 준비하기
1201010106_14v2.1
응용 헤어커트 시술하기
1201010106_14v2.2
응용 헤어커트 마무리하기
1201010106_14v2.3</td><td>e-메일</td><td></td></tr>
<tr><td>인력양성
유형</td><td>헤어디자이너</td><td>관련
자격증</td><td>미용사
(일반)</td><td>선수과목</td><td colspan="2">기본헤어커트, 샴푸</td><td>확인</td><td>학과장</td><td></td></tr>
<tr><td>교과목설명</td><td>교과목개요</td><td colspan="8">고객의 요구, 외형적 특징, 트렌드 등을 반영하여 헤어디자인을 설계하고,
그에 따른 도구와 기법으로 커트하는 능력이다.</td></tr>
<tr><td rowspan="4">관련 KSA</td><td>교육목표</td><td colspan="8">1. 고객의 요구, 신체적 특징, 트렌드를 반영하여 헤어디자인을 설계할 수 있다.
2. 커트의 기본디자인을 혼합하여 다양한 형태를 시술할 수 있다.
3. 여러 도구와 기법을 이용해 커트할 수 있다.</td></tr>
<tr><td>지식 (K)</td><td colspan="8">• 헤어커트도구의 특징과 보관 및 정리 · 정돈에 관한 지식
• 헤어스타일 연출제품의 사용법</td></tr>
<tr><td>기술 (S)</td><td colspan="8">• 헤어커트도구와 시술공간을 정리 · 정돈하는 능력
• 헤어커트를 수정 · 보완하는 기술
• 헤어스타일 연출 테크닉
• 고객과 커뮤니케이션하는 능력</td></tr>
<tr><td>태도 (A)</td><td colspan="8">• 사용 도구와 시술 공간을 청결하게 관리하는 태도
• 고객 만족을 위해 노력하는 자세</td></tr>
</table>

3. 주차별 학습계획서

주차별 학습 내용				
주차	관련능력단위요소	주제	학습목표	비 고
1	**1201010106_14v2.1** 응용 헤어커트 준비하기	오리엔테이션과 헤어커트이론	• NCS 기반에 따른 강의방법과 평가 체계설명 • 두상의 포인트와 헤어디자인의 형태파악하기 • 응용 헤어커트 준비하기 – 모발상태와 헤어커트 유형에 적합한 수분 밸런스에 관한 지식을 알 수 있다.	빔 프로젝트 - 이론수업, 실시수업
2	**1201010106_14v2.1** 응용 헤어커트 준비하기 **1201010106_14v2.2** 응용 헤어커트 시술하기	작품 L1. 2 파트 On 디스커넥션	• 응용 헤어커트 준비하기 – 커트보 착용하기,분무기 사용하기,빗질하기를 할 수 있다. – 고객의 불편함이 없는지 배려하는 자세를 익힐 수 있다. • 응용 헤어커트 시술하기 – 디스커넥션을 설명할 수 있다 – 롱헤어의 파팅을 이해할 수 있다. – 롱헤어의 디스케넥션을 커트할 수 있다.	빔 프로젝트 - 이론수업
3	**1201010106_14v2.2** 응용 헤어커트 시술하기	작품 L2. 2 파트 On 디스커넥션	• 응용 헤어커트 시술하기 – 디스커넥션을 설명할 수 있다 – 전개도를 펼쳐 그릴 수 있다. – 롱헤어의 파팅을 이해할 수 있다. – 롱헤어의 디스케넥션을 커트할 수 있다.	응용커트 준비하기 평가, 이론 실무 수업
4	**1201010106_14v2.2** 응용 헤어커트 시술하기	작품 L3. 2 파트 On 디스커넥션	• 응용 헤어커트 시술하기 – 디스커넥션을 설명할 수 있다 – 그린 전개도에 따라서 커트할 수 있다. – 롱헤어의 파팅을 이해할 수 있다. – 롱헤어의 디스케넥션을 커트할 수 있다.	빔 프로젝트 - 이론, 실무수업
5	**1201010106_14v2.2** 응용 헤어커트 시술하기	작품 M1. 2 파트	• 응용 헤어커트 시술하기 – 미듐헤어의 파팅을 이해할 수 있다. – 응용 헤어커트 유형의 종류와 특징 및 시술방법을 이해할 수 있다.	빔 프로젝트 - 이론, 실무수업
6	**1201010106_14v2.2** 응용 헤어커트 시술하기	작품 M2. 2 파트 On 디스커넥션	• 응용 헤어커트 시술하기 – 미듐헤어의 파팅을 이해할 수 있다. – 미듐헤어의 디스커넥션을 커트할 수 있다.	빔 프로젝트 - 이론, 실무수업
7	**1201010106_14v2.2** 응용 헤어커트 시술하기	작품 M3. 4 파트 On 혼합형	• 응용 헤어커트 시술하기 – 미듐헤어의 파팅을 이해할 수 있다. – 미듐헤어의 디스커넥션을 커트할 수 있다.	빔 프로젝트 - 이론, 실무수업
8	실기평가		실기평가	실기평가

주차별 학습 내용				
주차	관련능력단위요소	주제	학습목표	비 고
9	**1201010106_14v2.2** 응용 헤어커트 시술하기	작품 M4. 2 파트 On 혼합형	• 응용 헤어커트 시술하기 – 미듐헤어의 파팅을 이해할 수 있다. – 콤비네이션 스타일에 따라 선택한 커트기법으로 시술할 수 있다.	이론, 실무 수업
10	**1201010106_14v2.2** 응용 헤어커트 시술하기	작품 M5. 노파팅 On 그레쥬에이션	• 응용 헤어커트 시술하기 – 응용 헤어커트 유형의 종류와 특징 및 시술 방법에 관한 지식을 이해할 수 있다.	이론, 실무 수업
11	**1201010106_14v2.2** 응용 헤어커트 시술하기	작품 M6. 세임레이어 On 그레쥬에이션 디스커넥션	• 응용 헤어커트 시술하기 – 디자인 요소가 반영된 콤비네이션 스타일로 커트할 수 있다. – 도해도를 작성하고 분석할 수 있다.	응용 헤어커트 스타일링 실무
12	**1201010106_14v2.2** 응용 헤어커트 시술하기	작품 M7. 스타파트 On 디스커넥션	• 응용 헤어커트 시술하기 – 디자인 요소가 반영된 콤비네이션 스타일로 커트할 수 있다. – 응용 헤어커트의 유형별 시술을 할 수 있다.	응용 헤어커트 스타일링 실무
13	**1201010106_14v2.2** 응용 헤어커트 시술하기	작품 S1. 스타파트 On 그레쥬에이션의 디스커넥션	• 응용 헤어커트 시술하기 – 디자인 요소가 반영된 콤비네이션 스타일로 커트할 수 있다.	응용 헤어커트 스타일링 실무
14	**1201010106_14v2.2** 응용 헤어커트 시술하기 **1201010106_14v2.3** 응용 헤어커트 마무리 하기	작품 S3. 2파트 On 레이어 그레쥬에이션의 디스커넥션	• 응용 헤어커트 시술하기 – 디자인 요소가 반영된 콤비네이션 스타일로 커트할 수 있다. • 응용 헤어커트 마무리하기 – 헤어커트 유형에 적합한 도구와 기법으로 헤어스타일을 마무리 할 수 있다.	실기평가
15	**1201010106_14v2.2** 응용 헤어커트 시술하기 **1201010106_14v2.3** 응용 헤어커트 마무리 하기	작품 S3. 2파트 On 레이어 그레쥬에이션의 디스커넥션	• 응용 헤어커트 시술하기 – 디자인 요소가 반영된 콤비네이션 스타일로 커트할 수 있다. • 응용 헤어커트 마무리하기 – 헤어커트 유형에 적합한 도구와 기법으로 헤어스타일을 마무리 할 수 있다.	빔 프로젝트 – 이론, 실무수업
16	실기평가		응용 커트준비, 응용 커트시술, 마무리 종합평가	총괄평가

4. 학생 자가 진단서

[학습 전]

응용헤어커트	선수과목코드명	능력단위명
	1201010105_14v2	기본 헤어 커트

진단영역	진단문항	매우 미흡	미흡	보통	우수	매우 우수
기본 헤어커트 준비하기	1. 나는 고객에게 어깨보, 커트보, 가운 등을 착용해 줄 수 있다.	①	②	③	④	⑤
	2. 나는 헤어커트 유형에 따라 모발의 수분 함량을 조절할 수 있다.	①	②	③	④	⑤
기본 헤어커트 시술하기	1. 나는 일반 헤어커트용 가위인 블런트 가위를 정확하게 사용할 수 있다.	①	②	③	④	⑤
	2. 나는 정확하고 올바른 자세로 커트할 수 있다.	①	②	③	④	⑤
	3. 나는 기본 헤어커트를 위해 블로킹을 할 수 있다.	①	②	③	④	⑤
	4. 나는 기본 헤어커트를 위해 슬라이스를 할 수 있다.	①	②	③	④	⑤
	5. 나는 기본 헤어커트를 위해 시술각도를 조절할 수 있다.	①	②	③	④	⑤
	6. 나는 원랭스, 그라데이션, 레이어 유형을 커트할 수 있다.	①	②	③	④	⑤
기본 헤어커트 마무리하기	1. 나는 고객의 얼굴과 목 등에 묻은 잔여 머리카락을 제거 할 수 있다.	①	②	③	④	⑤
	2. 나는 사용한 헤어커트 도구와 시술한 주변을 즉시 정리정돈 할 수 있다.	①	②	③	④	⑤
	3. 나는 시술 후 고객 만족도를 파악하여 필요한 경우 수정, 보완하는 헤어커트를 할 수 있다.	①	②	③	④	⑤
	4. 나는 헤어커트 유형에 적합한 도구와 기법으로 헤어스타일을 마무리할 수 있다.	①	②	③	④	⑤

〈진단결과〉

진단영역	문항 수	점수	점수 ÷ 문항 수
기본 헤어커트 준비하기	2		
기본 헤어커트 시술하기	6		
기본 헤어커트 마무리하기	4		
합 계	12		

◈ 자신의 점수를 문항 수로 나눈 값이 '3점' 이하에 해당하는 영역은 업무를 성공적으로 수행하는데 요구는 능력이 부족한 것으로 교육훈련이나 개인학습을 통한 개발이 필요함.

[학습 후]

응용헤어커트	선수과목코드명	능력단위명
	1201010105_14v2	기본 헤어 커트

진단영역	진단문항	매우 미흡	미흡	보통	우수	매우 우수
응용 헤어커트 준비하기	1. 나는 고객의 모류, 모량, 모발 성질, 모발 손상 등을 판단하여 디자인을 결정할 수 있다.	①	②	③	④	⑤
	2. 나는 고객의 얼굴형, 두상, 신장, 체형 등을 판단하여 디자인을 결정할 수 있다.	①	②	③	④	⑤
	3. 나는 고객의 요구와 상담결과에 의해 디자인을 결정할 수 있다.	①	②	③	④	⑤
	4. 나는 고객에게 어깨보, 커트보, 가운 등을 착용해 줄 수 있다.	①	②	③	④	⑤
	5. 나는 헤어커트 유형과 모발 상태에 따라 샴푸 또는 분무기로 모발의 수분량을 조절할 수 있다.	①	②	③	④	⑤
응용 헤어커트 시술하기	1. 나는 콤비네이션(combination) 스타일에 따라 선택한 커트도구를 사용할 수 있다.	①	②	③	④	⑤
	2. 나는 콤비네이션 스타일에 따라 선택한 커트기법으로 시술할 수 있다.	①	②	③	④	⑤
	3. 나는 디자인 요소가 반영된 콤비네이션 스타일로 커트할 수 있다.	①	②	③	④	⑤
응용 헤어커트 마무리하기	1. 나는 고객의 얼굴과 목 등에 묻은 잔여 머리카락을 제거할 수 있다.	①	②	③	④	⑤
	2. 나는 사용한 헤어커트 도구와 시술한 주변을 즉시 정리, 정돈할 수 있다.	①	②	③	④	⑤
	3. 나는 시술 후 고객 만족도를 파악하여 필요한 경우 수정, 보완하는 헤어커트를 할 수 있다.	①	②	③	④	⑤
	4. 나는 헤어커트 유형에 적합한 도구와 기법으로 헤어스타일을 마무리할 수 있다.	①	②	③	④	⑤

〈진단결과〉

진단영역	문항 수	점 수	점수 ÷ 문항 수
응용 헤어커트 준비하기	5		
응용 헤어커트 시술하기	3		
응용 헤어커트 마무리하기	4		
합계 문항수	12		

◈ 자신의 점수를 문항 수로 나눈 값이 '3점'이하에 해당하는 영역은 업무를 성공적으로 수행하는데 요구는 능력이 부족한 것으로 교육훈련이나 개인학습을 통한 개발이 필요함.

5. 직무능력평가서

직무능력평가서 [차]

담당교수		교과목명	응용헤어커트
학 번		능력단위명 (능력단위코드)	응용헤어커트
이 름			1201010106_14v2.2
평가일자			

하위능력	평가내용(수행준거)		자가진단		자가진단	
			과정평가	결과평가	Y	N
응용 헤어커트 준비하기	1.1	고객의 모류, 모량, 모발 성질, 모발 손상 등을 판단하여 디자인을 결정할 수 있다.				
	1.2	고객의 얼굴형, 두상, 신장, 체형 등을 판단하여 디자인을 결정할 수 있다.				
	1.3	고객의 요구와 상담결과에 의해 디자인을 결정할 수 있다.				
	1.4	고객에게 어깨보, 커트보, 가운 등을 착용해 줄 수 있다.				
	1.5	헤어커트 유형과 모발 상태에 따라 샴푸 또는 분무기로 모발의 수분량을 조절할 수 있다.				
응용 헤어커트 시술하기	2.1	콤비네이션(combination) 스타일에 따라 선택한 커트도구를 사용할 수 있다.				
	2.2	콤비네이션 스타일에 따라 선택한 커트기법으로 시술할 수 있다.				
	2.3	디자인 요소가 반영된 콤비네이션 스타일로 커트할 수 있다.				
응용 헤어커트 마무리하기	3.1	고객의 얼굴과 목 등에 묻은 잔여 머리카락을 제거할 수 있다.				
	3.1	사용한 헤어커트 도구와 시술한 주변을 즉시 정리 · 정돈 할 수 있다.				
	3.1	시술 후 고객 만족도를 파악하여 필요한 경우 수정 · 보완하는 헤어커트를 할 수 있다.				
	3.4	헤어커트 유형에 적합한 도구와 기법으로 헤어스타일을 마무리할 수 있다.				
소 계						

하위능력	평가내용(K/S/A/T 포함 자율평가)	평가점수
응용 헤어커트 준비하기	지식/기술/태도/도구를 기반으로 평가내용을 자율적으로 구성한다.	
응용 헤어커트 시술하기		
응용 헤어커트 마무리하기		
합 계		환산점수

6. 평가결과서

담당교수		교과목명	응용헤어커트
학 번		영역	1201010106_14v2.1 응용헤어커트 준비하기
이 름			1201010106_14v2.2 응용헤어커트 시술하기
평가일자			1201010106_14v2.3 응용헤어커트 마무리하기

	구 분	배 점	점 수	환산점수	비 고
종합 평가 점수	출석평가				
	직무능력평가 1차				
	직무능력평가 2차				
	직무능력평가 3차				향상교육 이후
	재평가 가점				
	합 계				

성취수준 판정

판정결과	성취수준		성취결과	
종합의견				
판정기준	성취수준	수행정도		평가점수 (예시)
	5	해당 지식과 기술을 확실하게 습득하여 직무수행에 필요한 기술적 사고력과 문제 해결력을 토대로 주도적으로 완벽한 작업을 수행할 수 있다.		90~100
	4	해당 지식과 기술을 습득하여 직무수행에 필요한 기술적 사고력과 문제 해결력을 토대로 작업을 수행할 수 있다.		80~90
	3	해당 지식과 기술을 대부분 습득하여 직무수행에 필요한 지식과 기술을 가지고 대부분의 작업을 수행할 수 있다.		70~79
	2	해당 지식과 기술을 부분적으로 습득하여 직무수행에 필요한 지식과 기술을 가지고 타인과 공동으로 작업을 수행할 수 있다.		60~69
	1	해당 지식과 기술을 습득하는데 부족함이 있어 타인의 도움을 받아야만 작업을 수행할 수 있다.		59이하

02;

APPLY HAIR C

응용헤어커트_ 이론

1. 헤어디자인

1) 라인구성의 기본원리

(1) 점

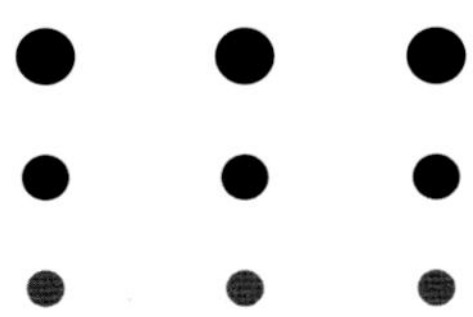

- 디자인 선과 면을 이루는 기본적인 단위이다.
- 면이 작아져 점이 되고 점이 커지면 면이 된다.
- 점과 점을 연결할 수 있다.
- 작고 둥글게 생김
- 한 지점, 지점을 얘기한다.
- 두상의 각 지점, 지점을 점(Point)으로 명한다.

(2) 선

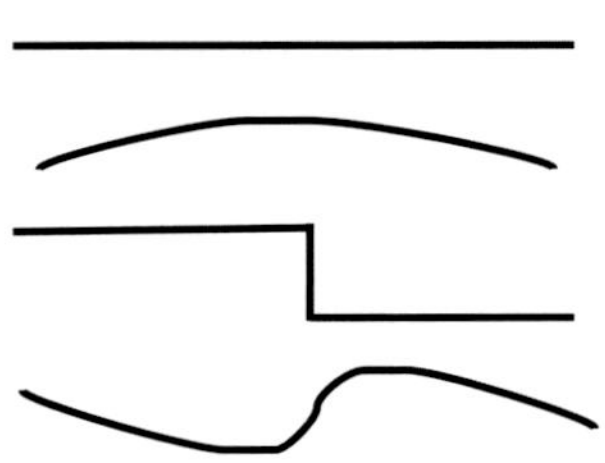

- 점과 점을 연결하면 선이 된다.
- 방향과 길이가 있는 1차원적이다.
- 조형의 기초가 된다.
- 경계를 표시하기도 한다.
- 두상을 헤어디자인하기 쉽도록 파팅, 섹션을 나뉠 때 선을 이용한다.
- 구역을 나뉠 때 선을 긋기도 한다.
- 점이 커지면 선의 굵기도 커진다.
- 선의 굵고 가는 것에 따라 느낌이 다르게 표현된다.
  - 가는 선은 가벼움이 표현된다.
  - 굵은 선은 무게감이 표현된다.
- 직선, 곡선에 따라 느낌이 다르게 표현된다.
  - 직선은 단순함, 날카로움, 딱딱함, 단단함, 강함
  - 곡선은 부드러움, 우아함, 연약함, 자연스러움

(3) 방향에 따른 선

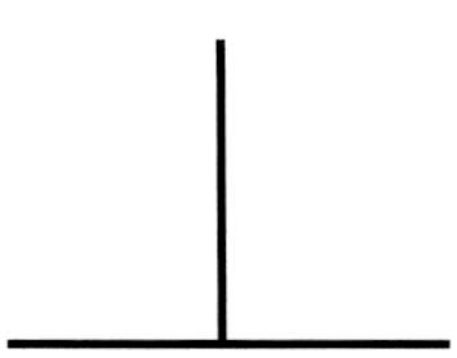

- **수직선(세로)**
  - 지면을 직각으로 함, 상하의 높이
  - 고결, 도전, 상승, 높이
- 헤어디자인 커트 시 수직섹션으로 응용 된다.

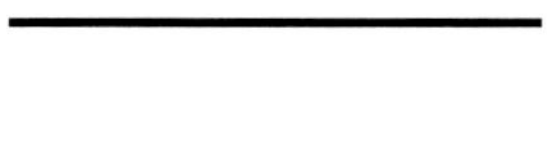

- **수평선(가로)**
  - 지면과 평행한 선, 좌 · 우, 넓이
  - 평온, 조용, 안정, 넓이, 고요
- 헤어디자인 커트 시 수평섹션으로 응용 된다.

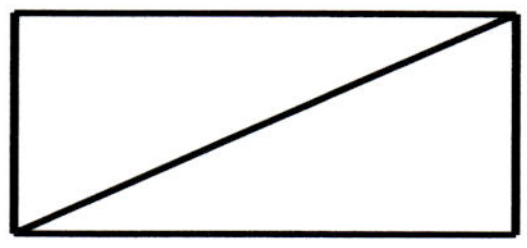

- **사선(대각)**
  - 아래에서 반대편 위로의 연결선, 생동감, 좌 · 우, 높이
  - 동적임, 힘, 긴장감, 불안, 운동감
- 헤어디자인 커트 시 사선섹션으로 응용 된다.

(4) 각도

- **직각 :** 90°(직각) 각
  - 직선과 직선이 만난 코너 각이 90° 인 것이다.
  - 헤어스타일에서 각도를 이해해야 모발의 흐름, 스타일 등을 다양하게 표현할 수 있다.

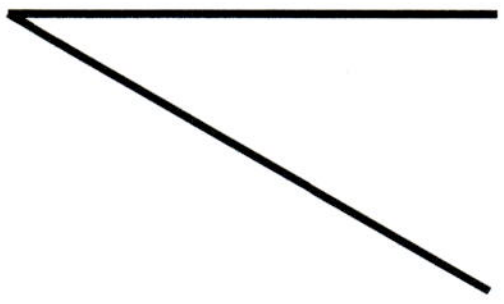

- **예각 :** 0°보다 크고, 90°(직각)보다 작은 각
  - 예리한 각을 표현할 수 있다.
  - 같은 방향의 느낌이 있다.

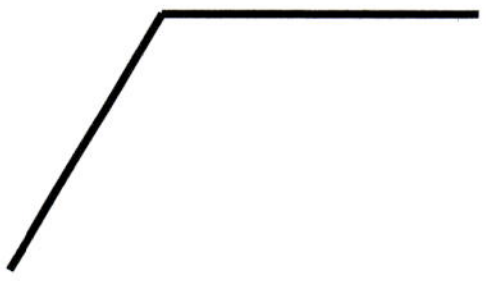

- **둔각 :** 90°(직각)보다 크고 180° 보다 작은 각
  - 열린 각을 말한다. 반대방향의 느낌이 있다.

(5) 면

- 선과 선이 만나서 열림이 없는 상태이다.
- 선과 선이 모여 면이 된다.
- 2차원의 윤곽을 말한다.
- 헤어디자인에서 두상을 파팅 한 면을 전두부, 두정부, 측두부, 후두부 등으로 나뉜다.
- 직선 면은 직선과 비슷한 이미지 표현이다.
- 곡선 면은 부드러움 표현이다.

(6) 입체

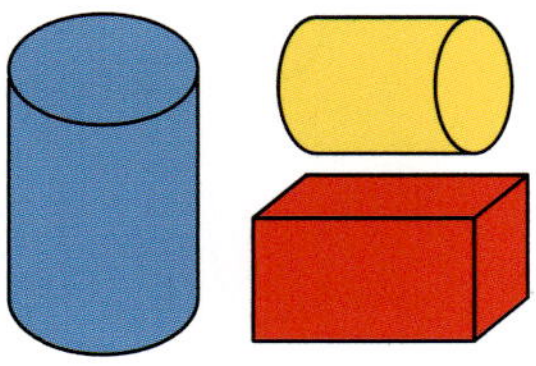

- 면의 연결이 입체가 된다.
- 면의 이동과 회전에 의해 생긴다.
- 공간적 넓이를 가진다.
- 두상 역시 입체이다.
- 두께가 있다.
- 각도가 있는 3차원이다.
- 완성된 헤어디자인은 양감, 질감 등이 표현되는 입체이다.

2) 두상의 포인트

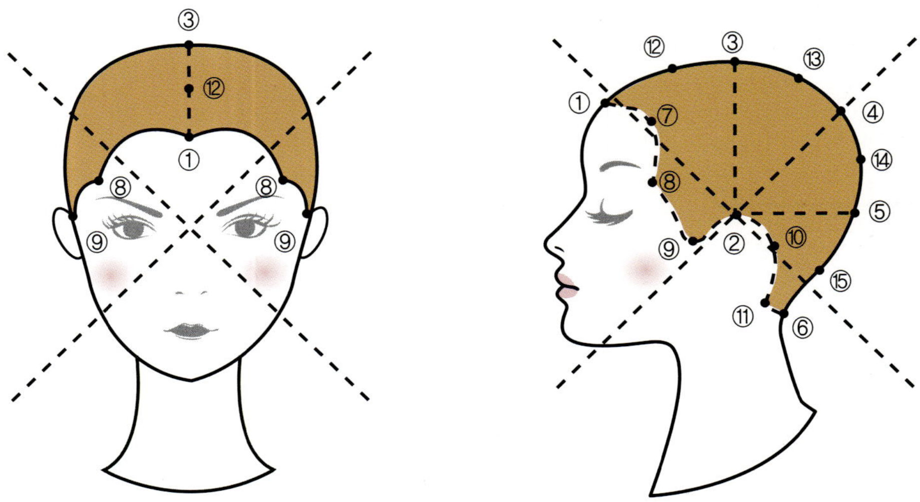

① **C.P**(Center Point)
② **E.P**(Ear Point)
③ **T.P**(Top Point)
④ **G.P**(Golden Point)
⑤ **B.P**(Back Point)
⑥ **N.P**(Nape Point)
⑦ **F.S.P**(Front Side Point)
⑧ **S.P**(Side Point)
⑨ **S.C.P**(Side Corner Point)
⑩ **E.B.P**(Ear Back Point)
⑪ **N.S.P**(Nape Side Point)
⑫ **C.T.M.P**(Center Top Medium Point)
⑬ **T.G.M.P**(Top Golden Medium Point)
⑭ **G.B.M.P**(Golden Back Medium Point)
⑮ **B.N.M.P**(Back Nape Medium Point)

3) 두상의 명칭

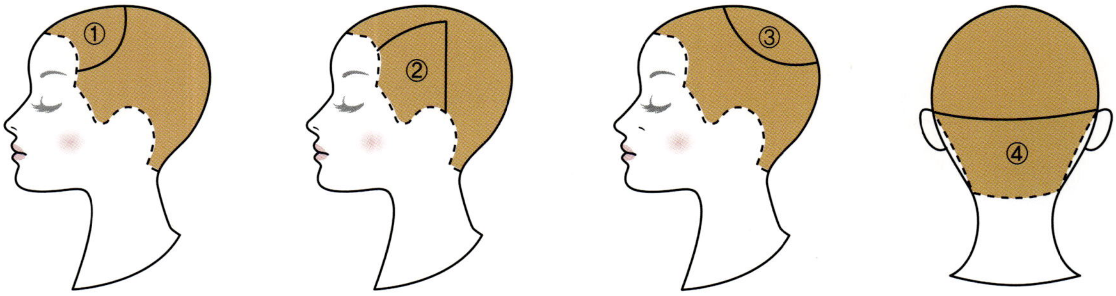

① **Front :** 전두부　② **Side :** 측두부　③ **Crown :** 두정부　④ **Nape :** 후두부

4) 두상의 헤어라인

① **정중선 :** 코를 중심으로 두부 좌 · 우를 수직 2등분하는 선

② **측중선 :** T.P와 E.P에서 수직으로 내린 선

③ **측두선 :** F.S.P에서 측중선까지 연결한 선

④ **페이스라인 :** 전면부의 모발이 나기 시작한 구간

⑤ **네이프라인 :** 네이프 지역에 모발이 나기 시작한 구간

⑥ **햄라인 :** 전체적으로 모발이 나기 시작한 구간

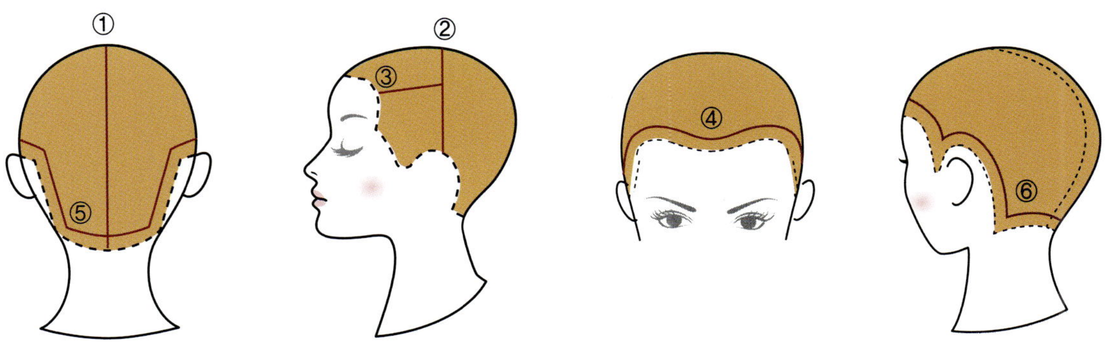

5) 두상의 구분명칭

① **인테리어 :** 두상의 B.P를 기준으로 할 때 윗부분의 명칭

② **익스테리어 :** 두상의 B.P를 기준으로 할 때 아랫부분의 명칭

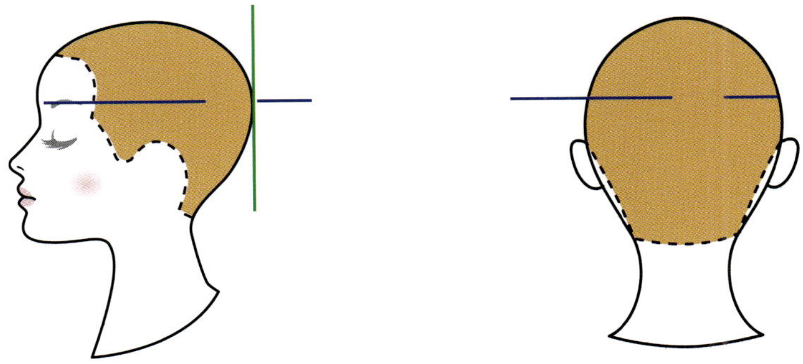

2. 헤어길이와 형태의 변화

1) 선(Line)

선이란 모발의 길이를 결정하는 요소이며 수평, 수직, 대각, 컨벡스, 컨케이브 등이 있다.

(1) 호리존탈(Horizontal) : 수평

• 두상에서 그려지는 지면과 수평한 선을 뜻한다.

• 페러럴 커트(Parallel Cut) 스타일에 적용된다.

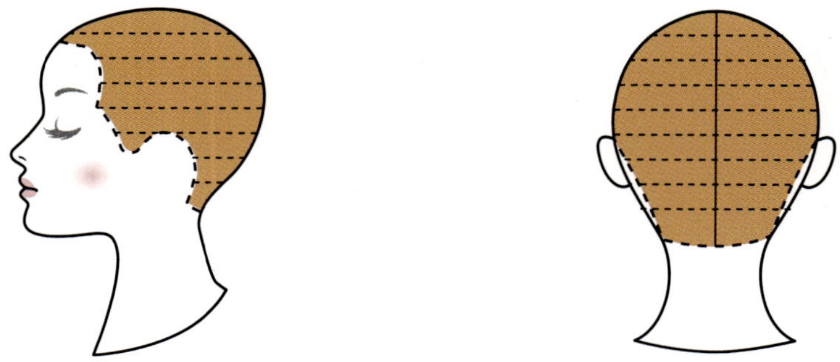

(2) 버티컬(Vertical) : 수직

• 두상에서 그려지는 지면과 수직한 선을 뜻한다.

• 스퀘어 레이어 커트(Square Layer Cut) 스타일에 적용된다.

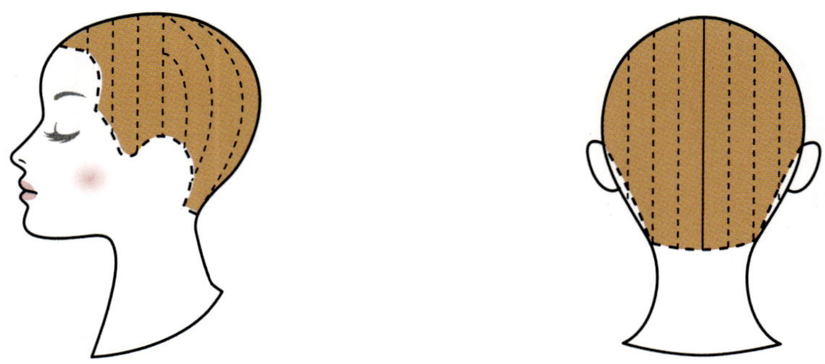

(3) 다이애거널(Diagonal)

- 다이애거널 백(Diagonal back) : 후대각
- 다이애거널 포워드(Diagonal forward) : 전대각
- 다이애거널 레프트(Diagonal Left) : 좌대각
- 다이애거널 라이트(Diagonal right) : 우대각

① 컨케이브(Concave)

- 후두부에서 전두부 방향으로 내려가는 직선을 뜻한다.
- 두상에 ∧ 모양의 라인이 형성된다.

② 컨벡스(Convex)

- 후두부에서 전두부 방향으로 올라가는 직선을 뜻한다.
- 두상에 U 모양의 라인이 형성된다.

(4) 주요 라인에 따른 헤어적용

	헤어라인 확인	헤어 완성
호리존탈 (Horizontal) 수평	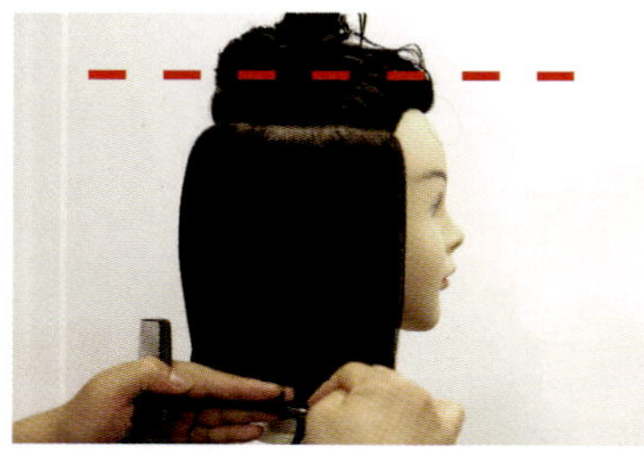	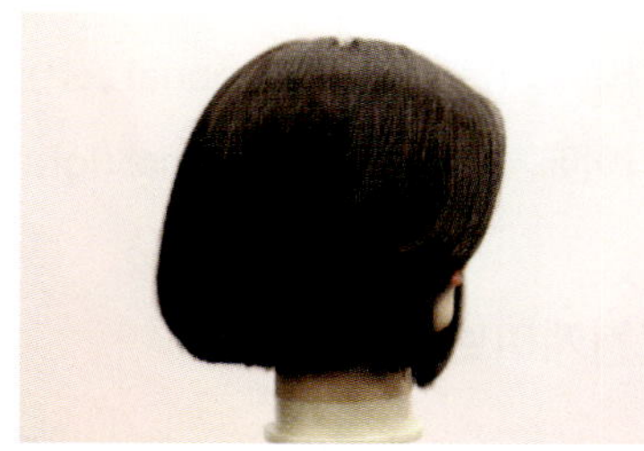
다이애거널 포워드 (Diagonal forward) 전대각	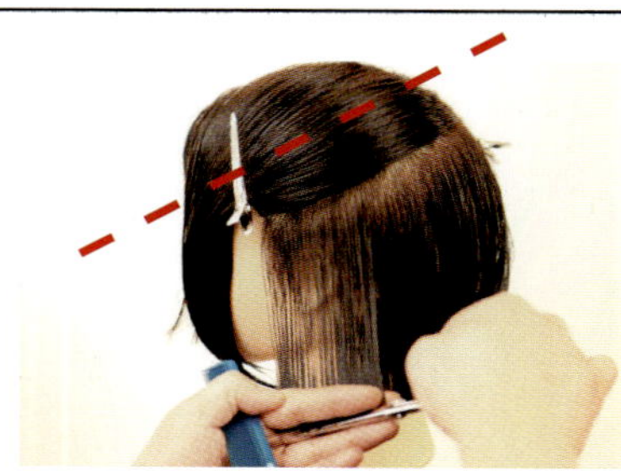	
다이애거널 백 (Diagonal back) 후대각		
컨케이브 (Concave)	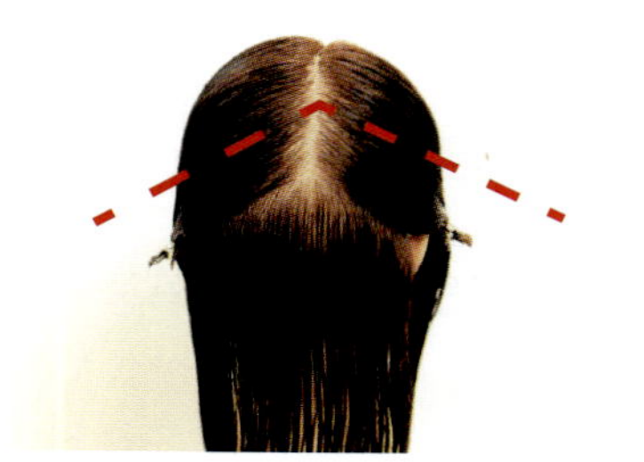	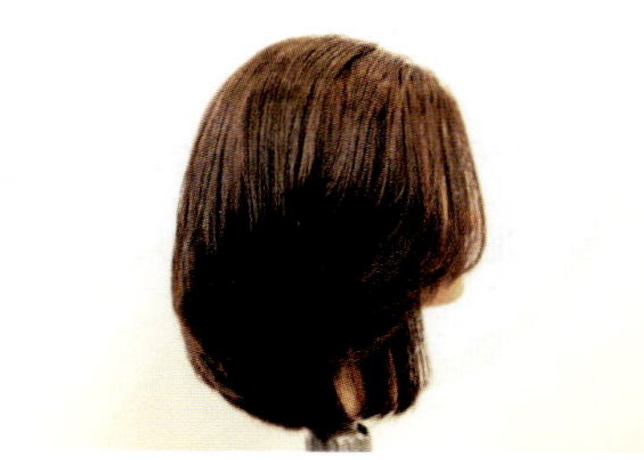
컨벡스 (Convex)	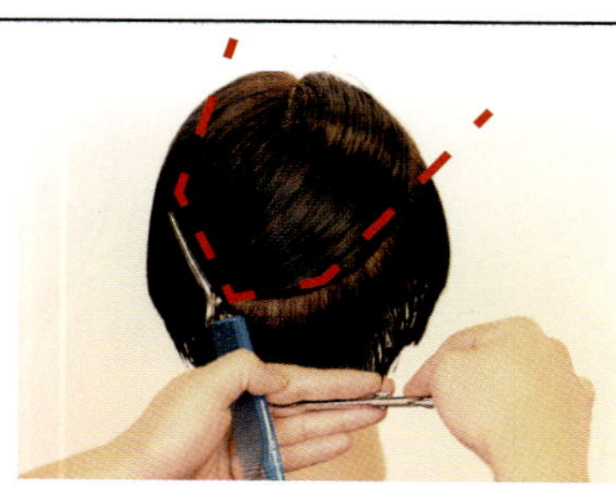	

2) 각(Angle)

시술각은 헤어의 위/아래 길이를 결정하는데 사용된다.
시술각의 종류에는 자연시술각(고정각)과 일반시술각(이동각)이 있다.

(1) 각도와 쉐이프

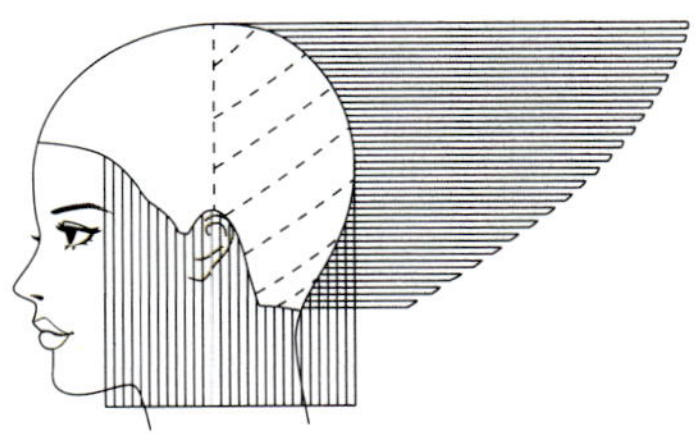

● **원랭스 0도 쉐이프 표현**

수많은 커트를 하고 있는 사람이면 이 커트라인을 보기만 하여도 다음 스타일의 힌트가 나올 것이다. **도해도는 말로 표현할 수없는 이외의 무엇인가를 가르쳐 주고 있다.**

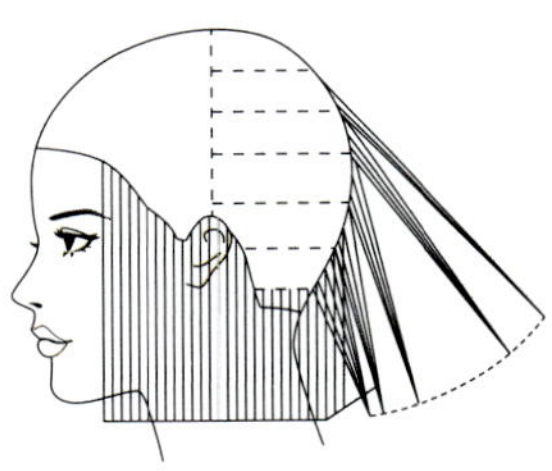

● **30도 쉐이프 표현**

머리 뒷부분을 45도 쉐이프로 커트하였을 때의 절단면과 커트라인

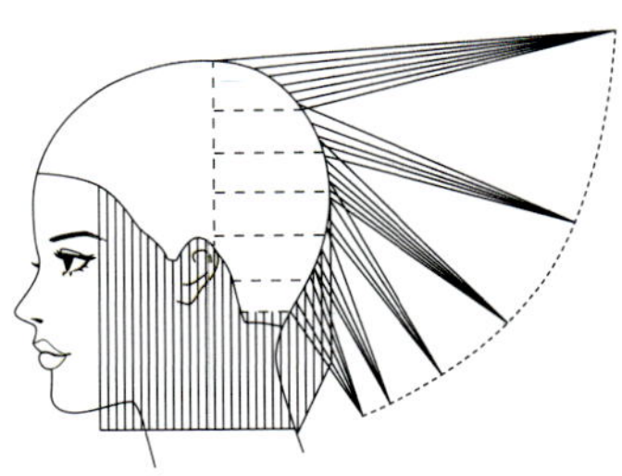

● **45도 쉐이프표현**

머리 뒷부분을 45도 쉐이프로 커트 하였을 때의 절단면과 커트라인

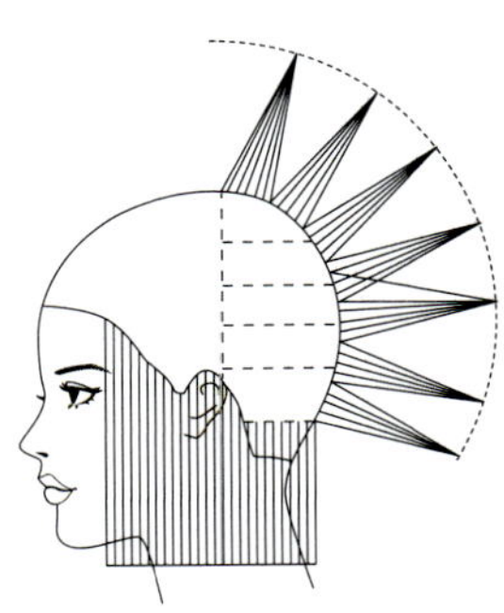

● **90도 쉐이프 표현**

온 베이스로 커트한다.

(2) 자연시술각 – 고정각(방위각)

- 천체축을 중심으로 한 시술각이며, 주요 각은 0˚ , 45˚, 90˚ 이다.
- 솔리드 커트와 그레쥬에이션 커트에 적용되는 각도이다.

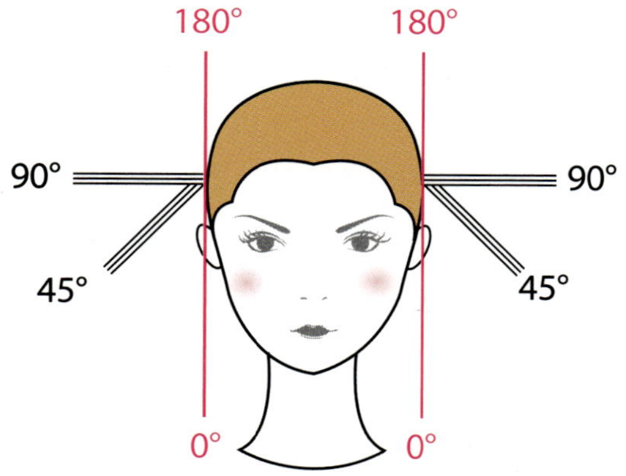

(3) 일반시술각 – 이동각(두피각)

- 두상과 직선의 접점을 기준으로 한 시술각이며, 주요 각은 45˚, 90˚, 135˚ 이다.
- 레이어 커트에 적용되는 각도이다.

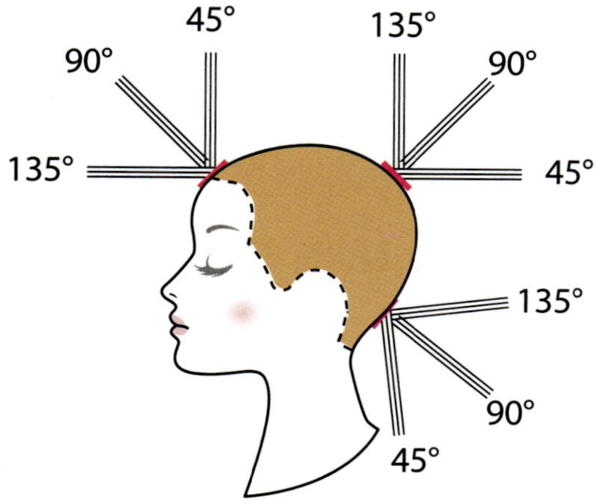

3) 섹션

두상에서 파트보다 작은 부분이나 조각으로 나뉘어진 부분을 말하는 것으로 섹션폭은 항상 일정하게 유지하여 커트를 시술한다.

〈섹션의 종류〉

섹션의 종류	내용	도해도
수평섹션 (Horizontal Section)	지면과 수평으로 섹션을 나누는 것으로 상하의 층이 많이 나지 않는 헤어스타일에 적용	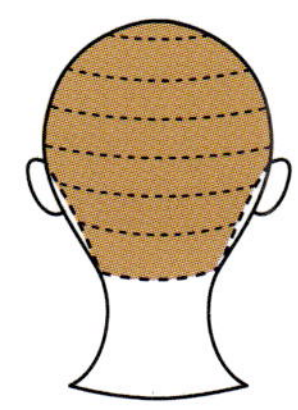
수직섹션 (Vertical Section)	지면과 수직으로 섹션을 나누는 것으로 상하의 층을 많이 내는 스타일에 적용	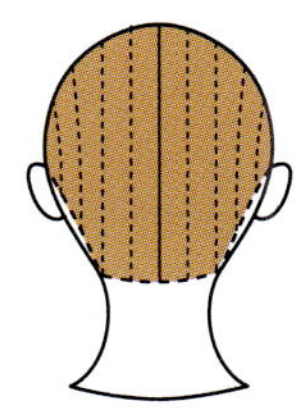
사선섹션 (V섹션/A섹션) (Diagonal Section)	지면과 사선으로 섹션을 나누는 것으로 두상의 앞쪽과 뒤쪽의 기장을 다르게 하여 스타일에 적용	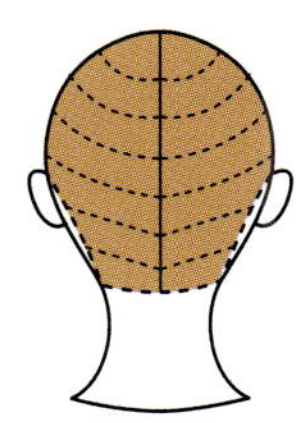 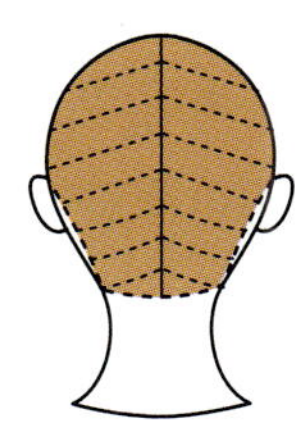
방사선섹션 (Pivot Section)	지면과 사선으로 섹션을 나누는 것으로 두상의 앞쪽과 뒤쪽의 기장을 다르게 하여 스타일에 적용	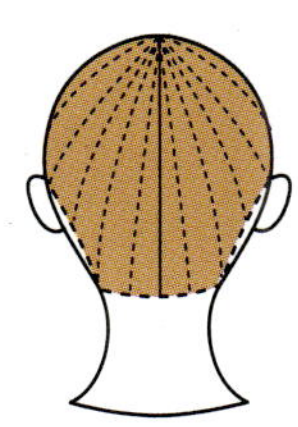

4) 베이스(Base)

베이스는 헤어의 좌/우 길이를 결정하는데 주로 사용된다.
베이스의 종류에는 크게 수평섹션에서 온 베이스, 업 베이스, 다운 베이스가 있고, 수직섹션에서 온베이스, 프리베이스, 사이드베이스, 오프 더 베이스, 트위스트 베이스가 있다.

(1) 수평섹션 베이스(Horizontal Section Base)

커트디자인을 하기 위해 수평섹션에서 모발의 일정한 길이 변화를 주는 방법이다.

① 업 베이스(Up Base)

섹션 폭에 맞추었을 때 위 방향으로 판넬을 들어 올려서 커트하는 것이다. 가이드에 맞추어 커트를 진행하며 아래 모발의 길이가 길어진다.

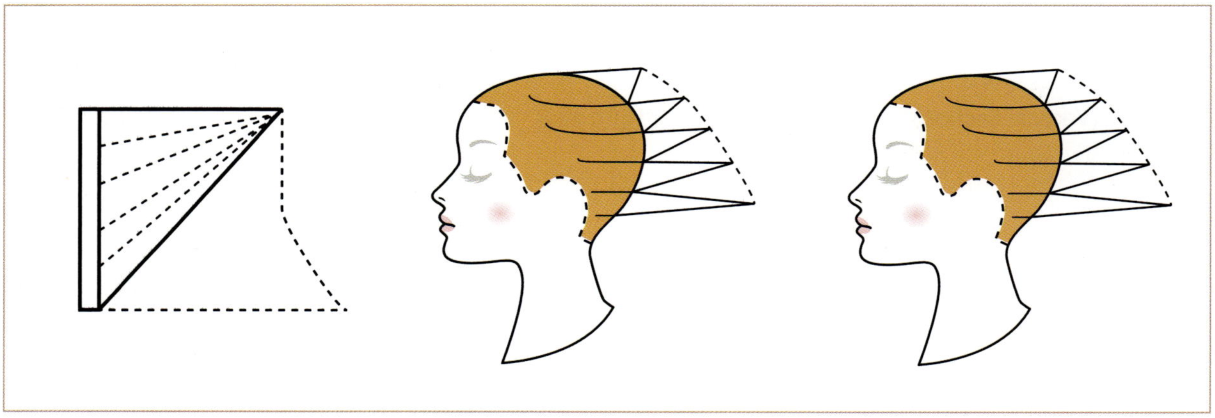

② 다운 베이스(Down Base)

섹션 폭에 맞추었을 때 아래방향으로 들어 올려서 커트하는 것이다. 가이드에 맞추어 커트를 진행하며 위의 모발의 길이가 길어진다.

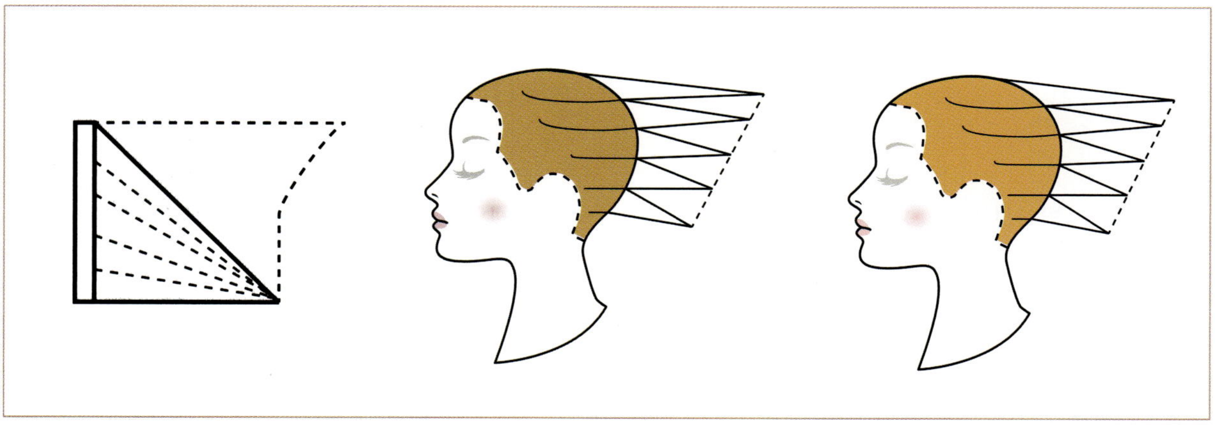

③ 온 더 베이스(On The Base)

섹션중심에서 커트가 이루어진다. 가이드에 맞추어 커트를 진행하며 동일한 모발길이를 얻을 수 있다.

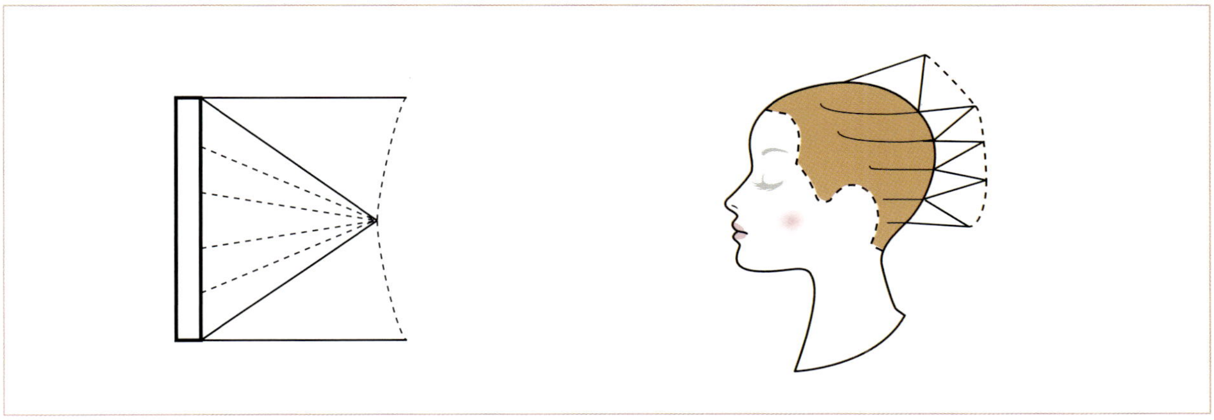

(2) 수직섹션베이스

헤어스타일에 있어 상하의 길이 변화가 아닌 좌우의 길이 변화를 줄 때 수직섹션에서 베이스를 이용한다.

① 온 더 베이스(On The Base)

파팅의 중심이 90°가 되도록 하며, 섹션 중심에서 커트가 이루어지고, 가이드에 맞추어 커트 진행 시 모발의 길이가 동일하게 된다.

② **사이드 베이스**(Side Base)

섹션의 좌 또는 우의 측면의 한 변이 90˚ 기준을 잡고 모아서 커트 하는 것으로 좌우의 길이를 일정하게 변화를 주고자 할 때 쓰이는 베이스이다. 당기 방향이 프론트 방향인지, 백 방향인지에 따라 커트 진행시 모발의 길이가 길어지기도 하고, 짧아지기도 한다. 커트진행방향이 프론트 방향일 때 프론트 방향으로 당기면 모발 길이가 점점 짧아지고, 백 방향으로 당기면 모발길이가 점점 길어진다.

③ **프리 베이스**(Free Base)

온 더 베이스와 사이드베이스 기준 사이에 커트 지점이 존재하는 것으로 좌우의 길이가 일정하게 증가 또는 감소하는데, 모발의 길이변화가 온 더 베이스 보다는 심하고, 사이드 베이스보다는 심하지 않다.

④ 오프 더 베이스(Off The Base)

섹션에 있어 파팅의 접점이 사이드 베이스 폭(90°를 넘음)을 벗어난 지점에서 커트가 이루어지고 사이드 베이스보다는 모발 길이의 변화를 급격하게 줄 수 있다.

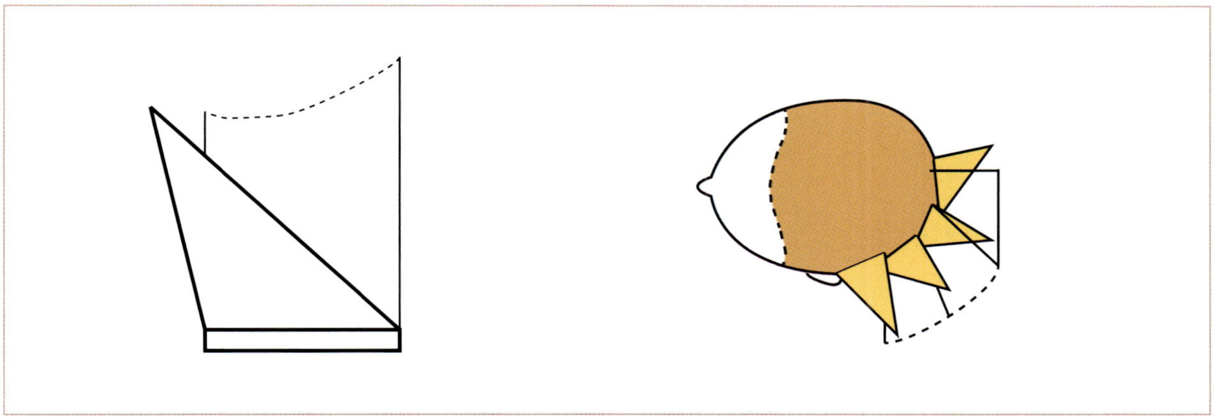

⑤ 트위스트 베이스(Twist Base)

헤어스타일에 있어 긴 모발과 짧은 모발을 연결을 할 때, 베이스에서 베이스로 이동을 할 때 연결하는 베이스로 활용한다.

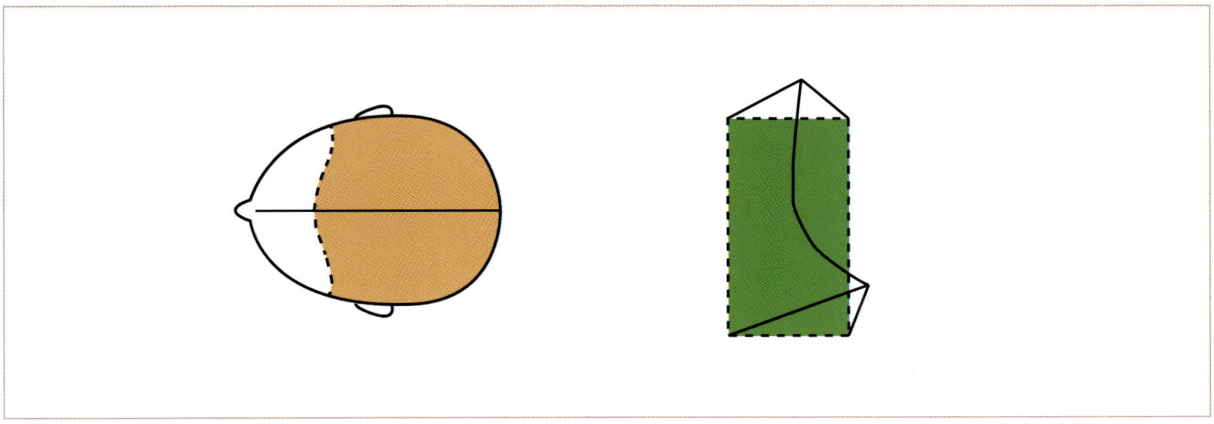

(3)-1. 트위스트 베이스 (twist base)

- 윗부분과 아래 부분의 혼합된 두개의 접점이 생기다.
- 서로 어떻게 트위스팅 했느냐에 따라 머리 길이가 달라지면서 자연스러운 머리결이 생긴다.

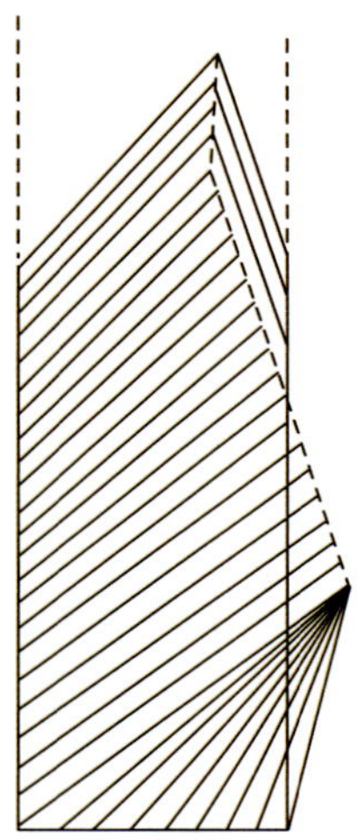

(3)-2. 트위스트 베이스 (twist base)

- 접점의 위치가 다양하기때문에 트위스트 브릿지 라인이 사용된다.
- 위와 아래의 접점을 이어준다

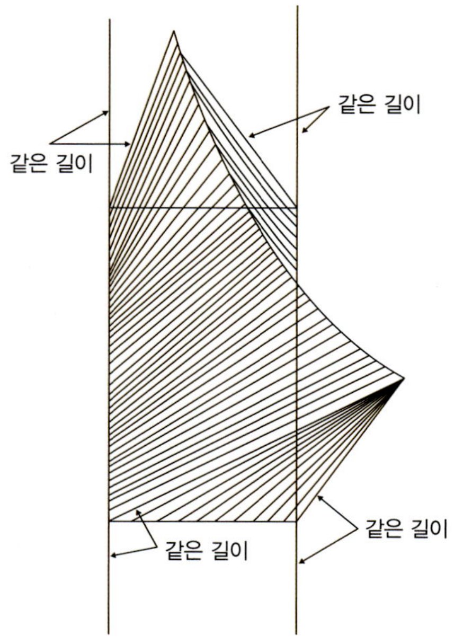

5) 아웃라인(Out Line)

기본적 아웃 라인

- 헤어스타일을 구성한다.
- 볼륨의 조정(두껍거나, 얇게 보이게 함)
- 고객의 두상이 다양하게 불규칙적인 형태일 때 헤어스타일 결정에 도움을 준다.

(1) 직선

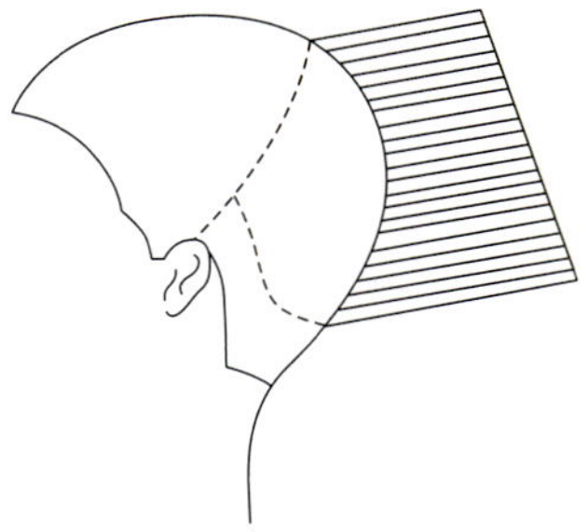

- 헤어 볼륨이 적당량일 때
- 그림과 같이 쉐이프, 각도로 판넬을 갖고 있을 때는 중심이 짧게 되고 사이드가 길게 된다.

(2) 콘케이브(Concave) 라인

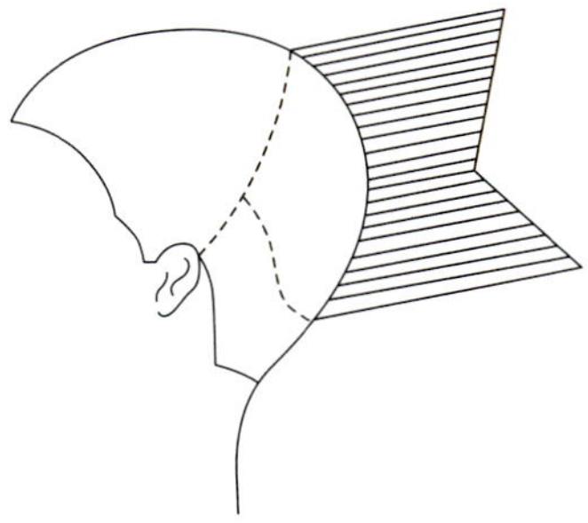

- 머리카락을 적게 보이게 한다.
- 콘케이브 레이어로 구성되어 있다.

(3) 스퀴이즈 라인(곡선라인)

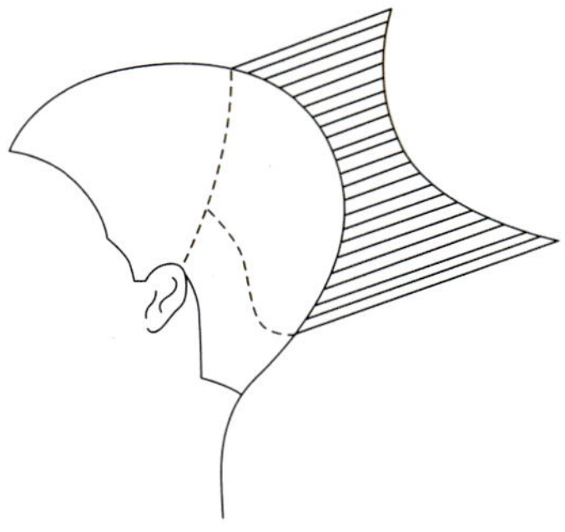

- 볼륨을 적게 보이게 한다.
- 길거나 짧은 머리를 혼합형으로 만들 때 활용

(4) 세임(같은) 레이어

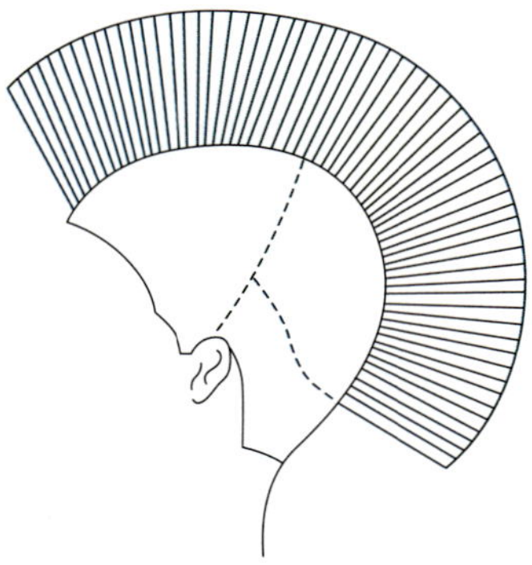

• 길이가 같은 레이어이다.
• 같은 길이로 자른다.

(5) 콘벡스라인(Convex)

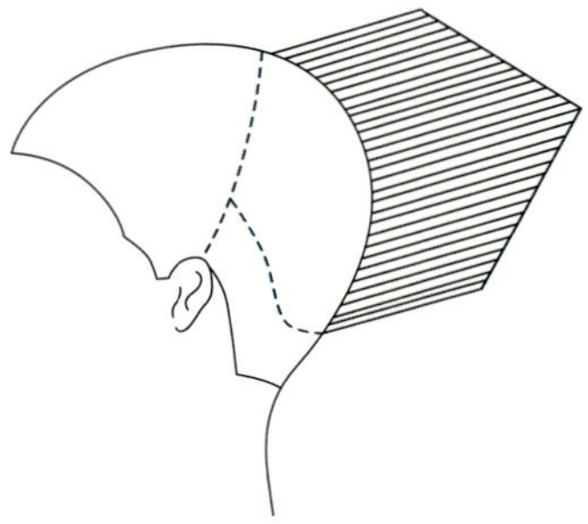

• 볼륨을 많게 보이게 한다.
• 콘벡스 라인으로 구성되어 있다.

(6) 라운드(곡선라인)

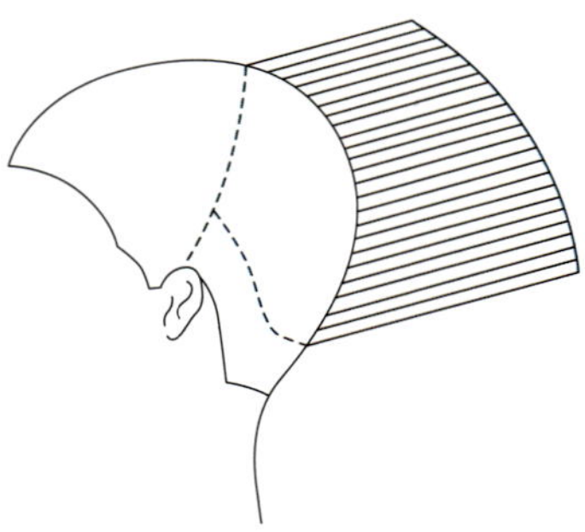

• 곡선이 더 많게 보이게 한다.

MEMO

03;

APPLY HAIR CUT

응용헤어커트_ 주차별 강의계획 I L(롱 헤어) 작품

LONG
HAIR

롱 헤어 작품 1

자연스럽게 앞쪽에서 뒤쪽으로 흐르는 듯한 스타일로 롱 스타일에서 살릴 수 없는 볼륨감을 풍성해 보이고, 부드러워 보이게 연출하는 스타일

도 해 도

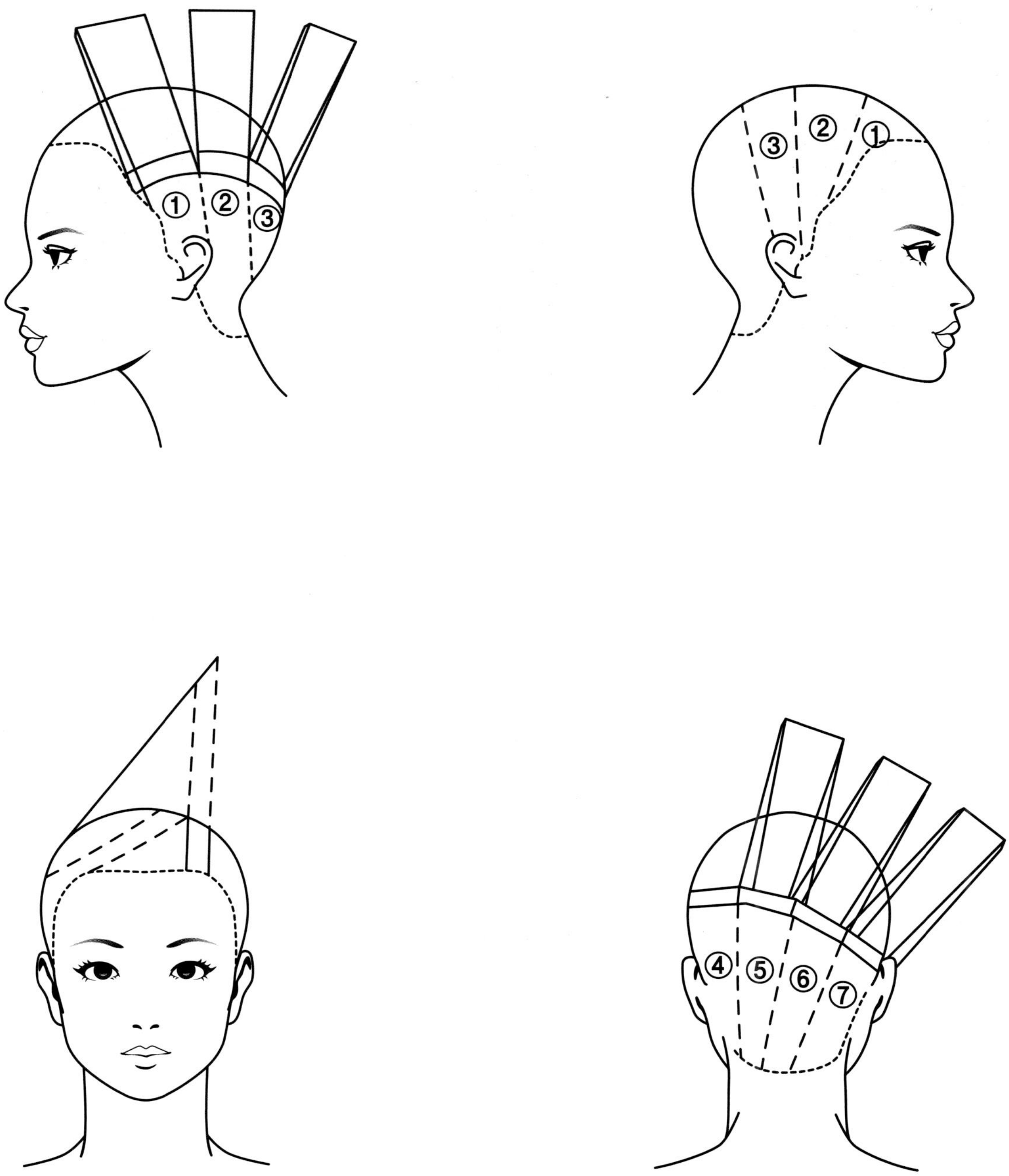

완성된 왼쪽 모습

완성된 뒷 모습

완성된 오른쪽 모습

2섹션 on 디스커넥션

① 왼쪽 옆 가르마에서 오른쪽 E · P 약 1cm 뒤까지를 연결하여 2등분 하였고 여기에서 1cm 탄 섹션을 가이드로 설정한다. (큰 S자 모양으로 섹션한다.)

② 설정한 가이드를 약 18cm 자른다.

③ 언더 섹션의 존을 버티컬로 약 7등분한다.

④ 등분한 왼쪽 사이드를 설정한 가이드에 올려(엘레베이션) 맞추어 자른다.

⑤ 백으로 진행한다.

⑥ 백 사이드부터는 섹션의 흐름방향으로 진행한다.

⑦ 오른쪽 사이드는 F · S · P를 기준으로 사선으로 섹션을 나누어 커트한다.

⑧ 프런트의 앞머리는 왼쪽 사이드로 당겨 모아 자른다.

커트하기 전 모습

섹션을 오른쪽 E · P에서 2cm 뒤까지 약간 S가 되게 탄다.

2등분된 섹션에서 1cm를 더 탄다.

섹션한 모습

수직 직각으로 90°가 되도록한다.

수직직각으로 빗어 약 18cm 길이로 커트한다.

18cm 길이로 자른 후 가이드로 사용한다.

다음 섹션도 잘라진 가이드에 맞추어 커트한다.

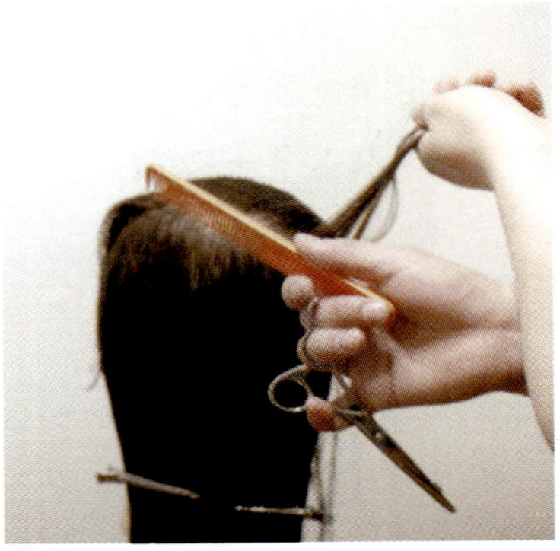

뒷 머리도 가이드에 맞추어 커트한다.

오른쪽 B · S도 연결하여 커트한다.

오른쪽 E · P까지 연결하여 가이드를 커트한다.

오른쪽 가이드를 커트한다.

섹션에 따라서 90°의 수직 직각으로 가이드를 모두 커트한다.

언더섹션의 존을 왼쪽부터 버티컬 섹션한다.

언더섹션의 존을 버티컬로 연결하여 섹션한다.

언더섹션의 존을 버티컬로 약 8등분한다.

등분한 왼쪽사이드을 설정한 가이드에 올려(엘레베이션) 맞추어 자른다.

가이드에 맞추어 커트한다.

가이드에 맞추어 커트한 후 앞으로 넘긴다.

다음 섹션도 가이드에 맞추어 커트한다.

수직 직각으로 커트한다.

왼쪽 B · S도 수직 직각으로 네이프 머리까지 빗어올려 커트한다.

백으로 진행한다.

계속하여 백으로 진행한다.

계속하여 수직 직각으로 엘레베이션하여 커트한다.

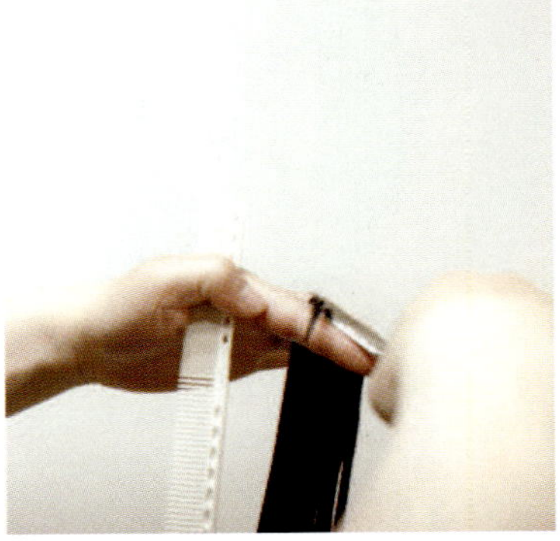

수직 직각으로 엘레베이션하여 커트한다.

네이프 머리까지 한 번에 들어올려 커트한다.

섹션의 방향대로 커트한다.

섹션의 방향으로 커트한다.

백 사이드는 섹션의 흐름방향으로 진행한다.

섹션의 방향대로 커트한다.

프런트는 사선으로 오른쪽 템플지역까지 섹션한다.

두번째 섹션은 남은 섹션의 반을 탄다.

모두 3등분한다.

오른쪽 프런트의 첫 번째 섹션은 왼쪽 가이드와 맞춘다.

왼쪽 사선으로 모든 머리를 모아서 커트한다.

페이스 라인의 섹션을 한 번에 모두 모아서 가이드에 맞춘다.

페이스 라인의 프런트는 왼쪽가이드에 맞추어 F · S · P를 기준으로 섹션을 나누어 커트한다.

커트한 페이스 라인

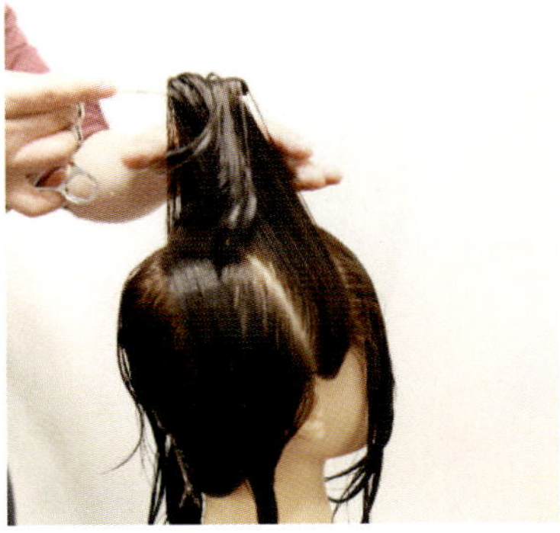

두번째 섹션도 왼쪽 가이드로 모두 모은다.

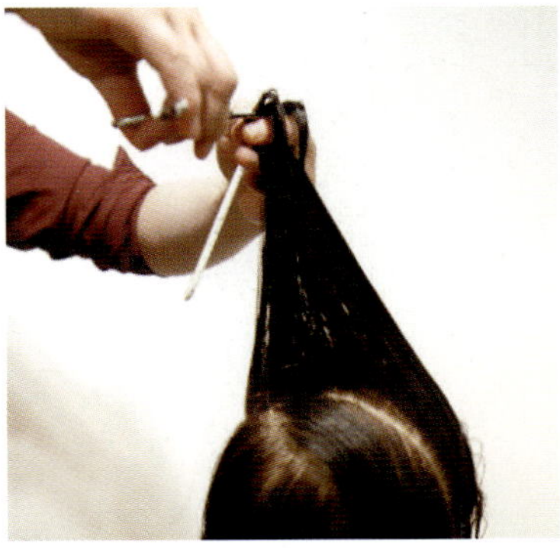

오른쪽 두 번째 섹션도 왼쪽 가이드에 맞추어 왼쪽으로 당겨 자른다.

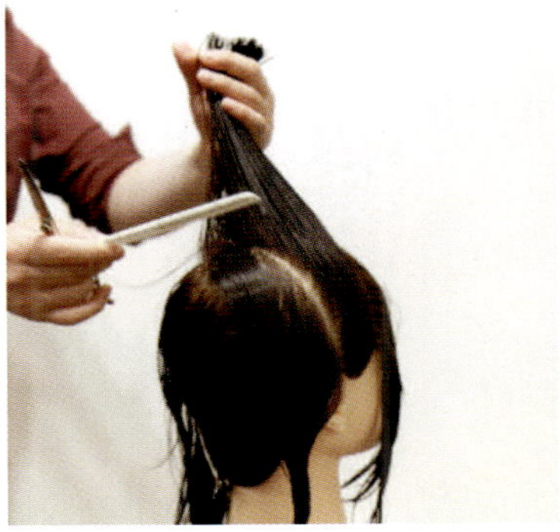

나머지 섹션도 동일하게 진행한다.

오른쪽 섹션 모두를 왼쪽 가이드에 모아서 커트한다.

오른쪽 앞머리를 왼쪽 가이드에 모아 커트한다.

왼쪽 가이드에 모아 당겨 커트한다.

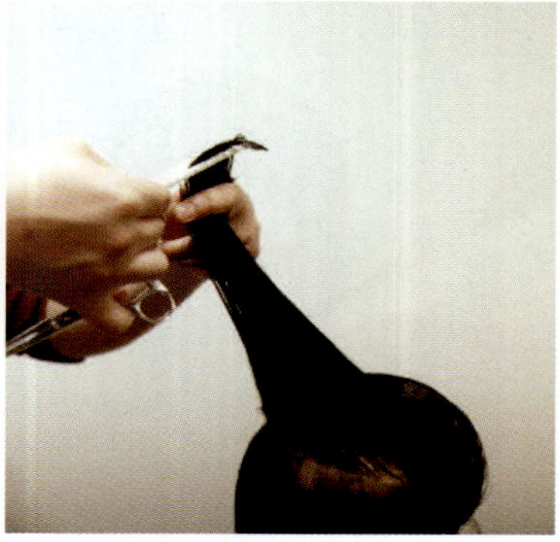

왼쪽 가이드에 모아서 커트한다.

G · P에서 다시 한번 디스커넥션 된 부분을 확인하여 커트한다.

디스커넥션 된 부분을 확인하여 왼쪽 가이드에 맞추어 커트한다.

완성된 앞모습

완성된 왼쪽 모습

완성된 뒷모습

완성 1

완성 2

완성 3

MEMO

도해도 그리기

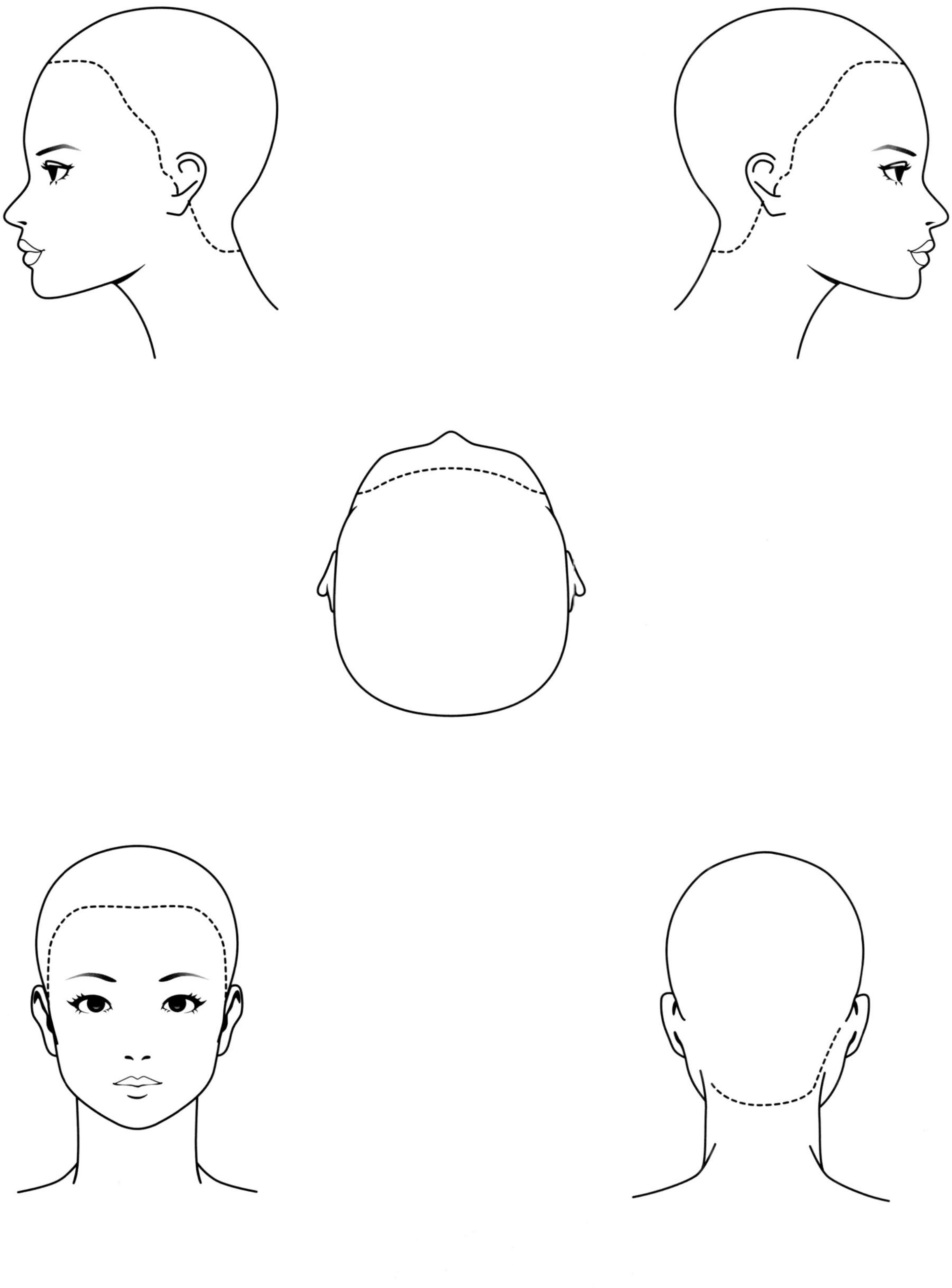

도해도 그리기

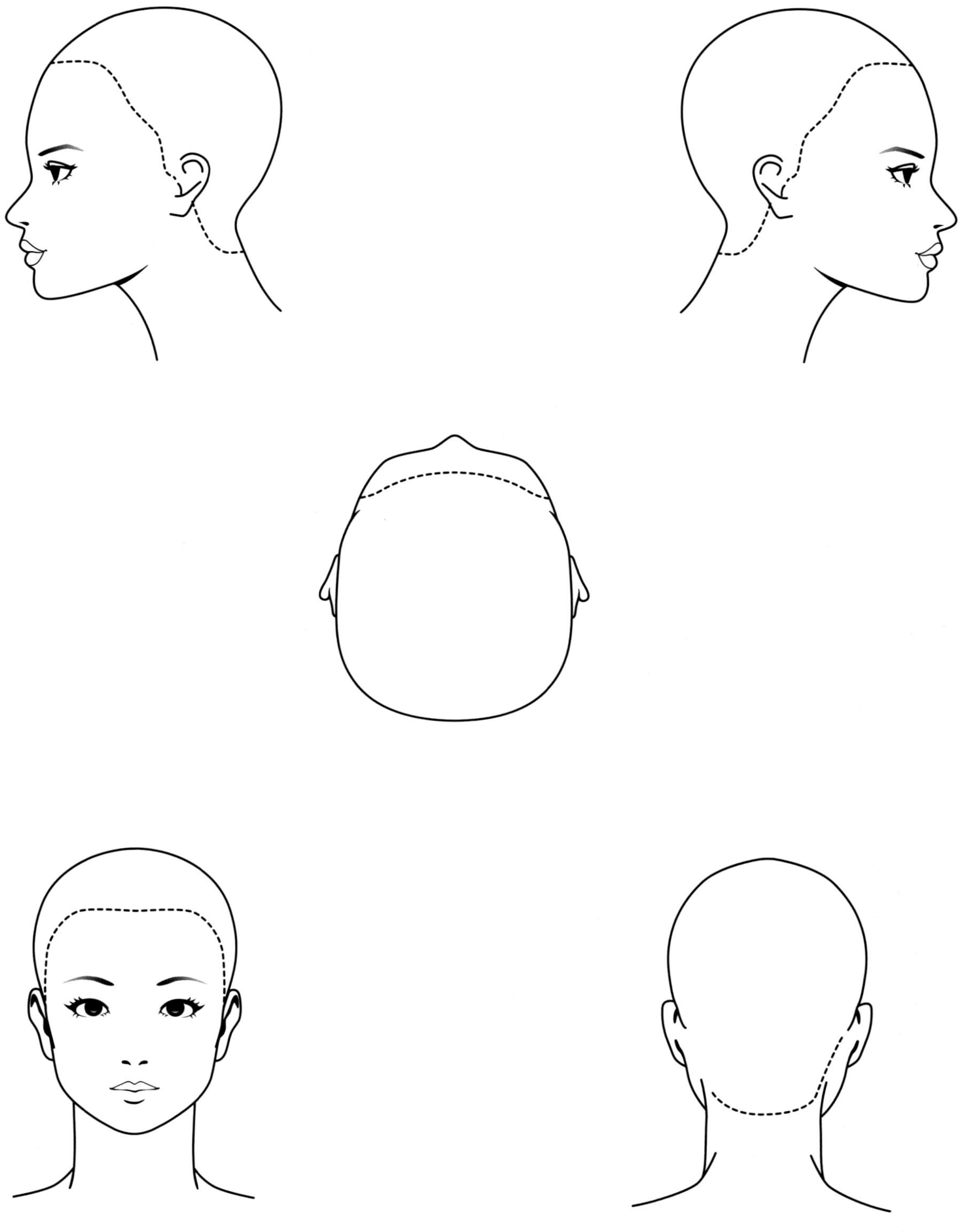

도해도 그리기

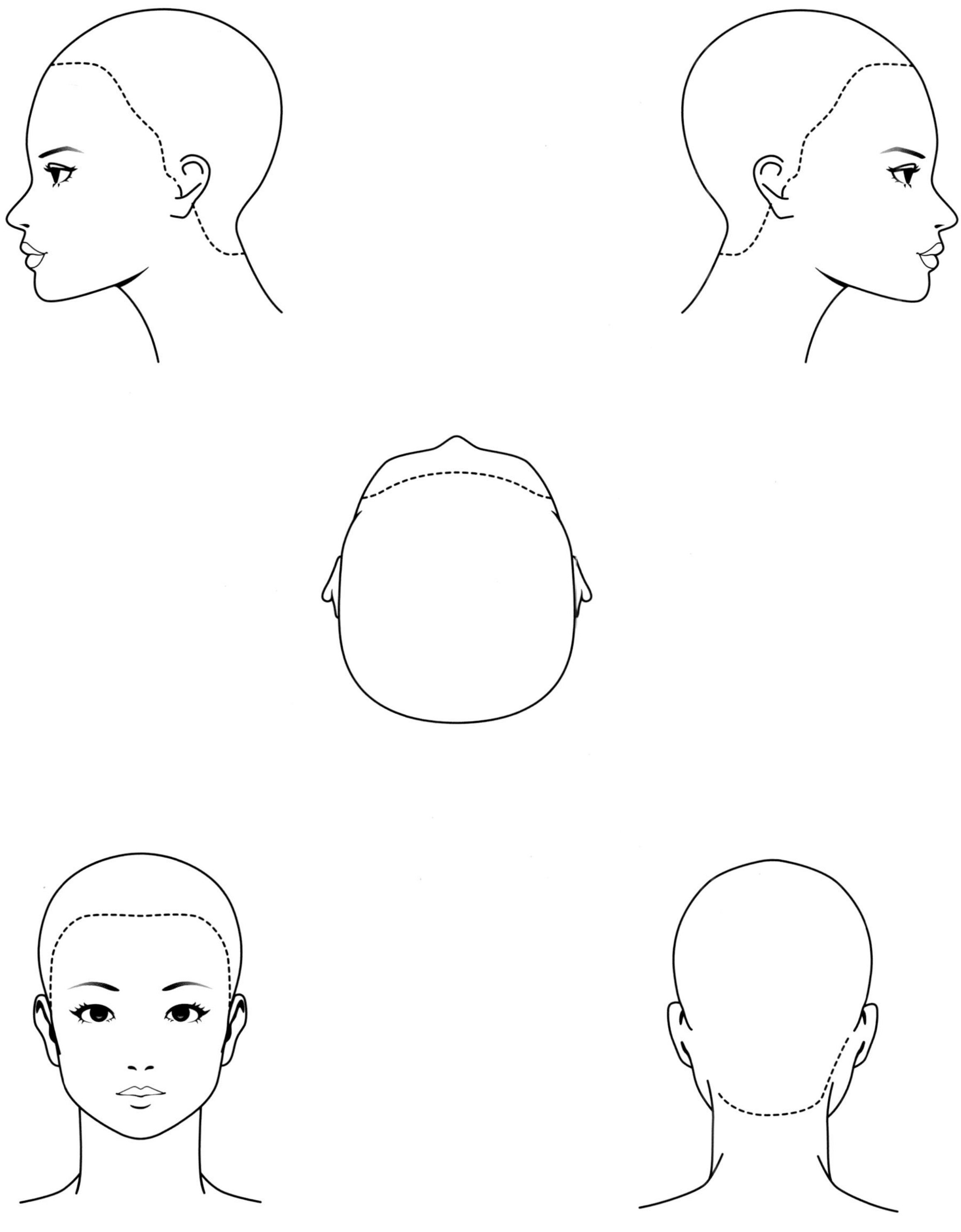

롱 헤어 작품 2

여성스러움을 강조할수 있는 스타일로서 우아하고, 세련된 스타일 연출

도 해 도

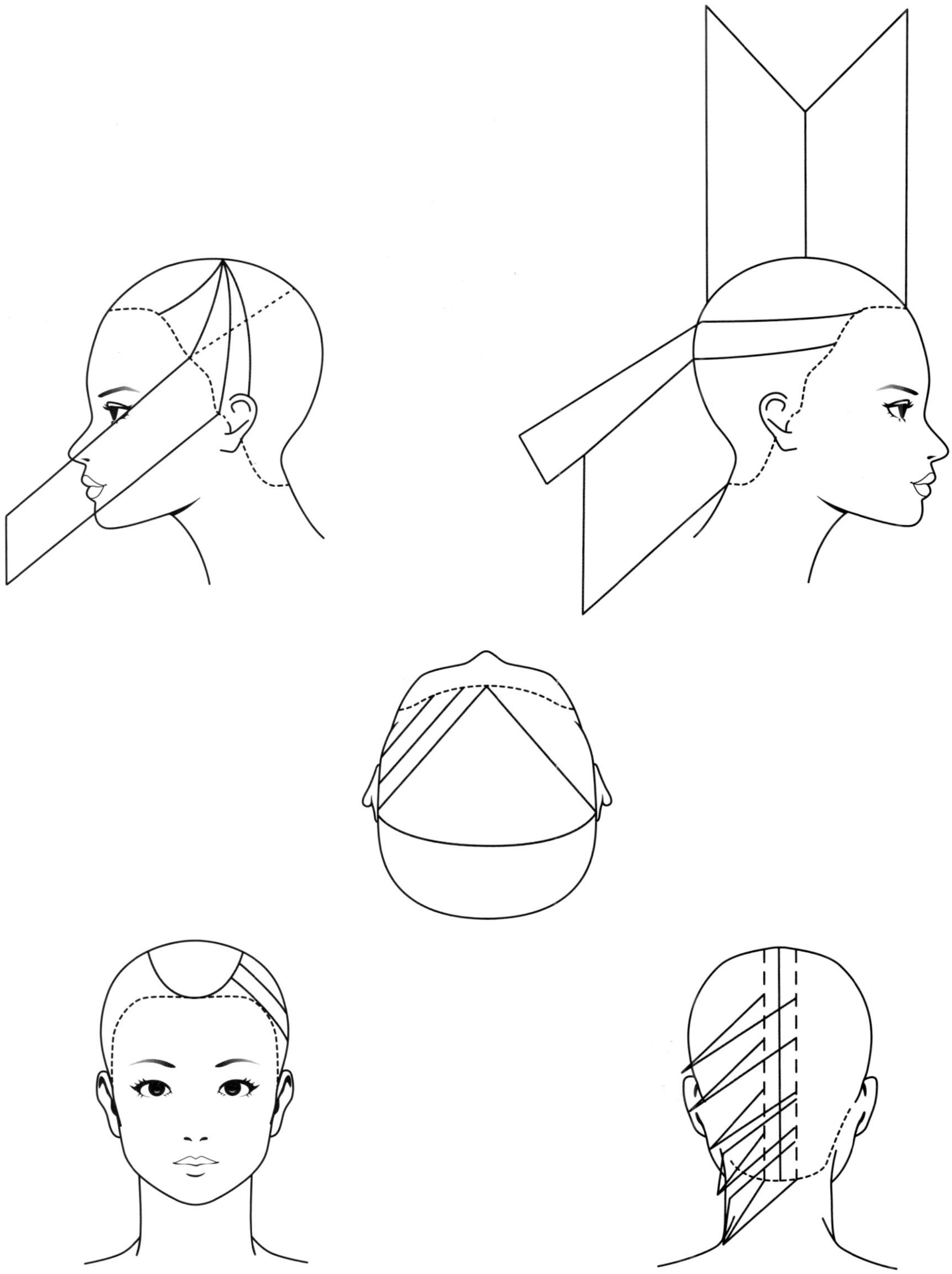

완성된 왼쪽 모습

완성된 뒷 모습

완성된 오른쪽 모습

2섹션 on 디스커넥션

① 원하는 길이의 가이드를 먼저 정한다.

② F·S·C와 F·S·P를 앞으로 당겨 가이드를 정한다.

③ 좌우대칭을 위하여 오른쪽 F·S·P도 왼쪽과 맞춘다.

④ F·S·C에서 약 1cm를 B·P를 지나서 오른쪽까지 가이드를 설정한다.

⑤ 설정된 가이드에서 가이드 섹션과 평행하게(천체축 각도 90°) 커트한다.

⑥ 오른쪽 두 번째 섹션은 디스커넥션 2cm로 하여 90° 로 언더 섹션과 동일한 베이스로 진행한다.

⑦ F·C의 머리를 맞추어 가이드를 설정한다.

⑧ 설정된 가이드를 90° 로 하여 동일하게 진행한다.

⑨ 프런트의 앞머리는 왼쪽 사이드로 당겨 모아 자른다.

시술 전

시술전 브로킹

가이드를 설정하여 언더섹션을 뒤부터 커트한다.

왼쪽 가이드 설정

오른쪽 가이드 설정

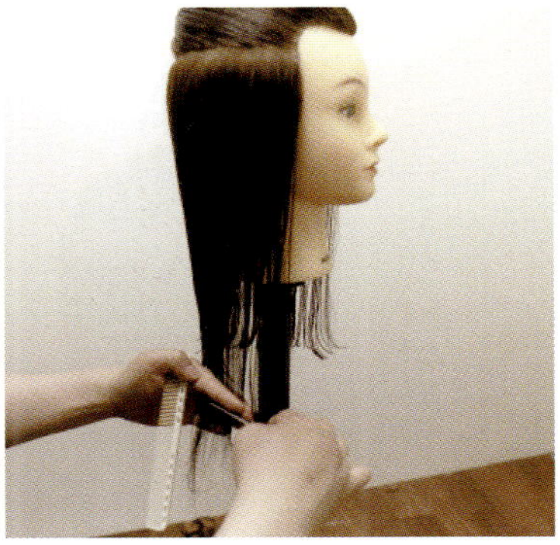
가이드 설정은 모델의 얼굴형이나 신체에 맞추어 설정한다.

오른쪽 F·S·C와 F·S·P를 앞으로 당겨 가이드를 설정한다.
(코너를 제거한다.)

좌우대칭을 위하여 오른쪽 F·S·P도 왼쪽과 맞춘다.

가이드를 설정한 후 앞으로 모아 당겨 사선 커트한다.

가이드를 정한 후 가이드가 맞는지 확인한다.

언더섹션에서 1cm를 가이드로 정한 후 B · P를 지나 오른쪽 설정한 가이드까지 커트한다.

F.S.C에서 약 1cm를 B · P를 지나서 오른쪽까지 가이드를 설정한다.

언더 섹션의 가이드는 왼쪽까지 연결한다.

설정된 가이드에서 가이드 섹션과 평행하게(천체축 각도 90°) 커트한다.

두 번째 섹션도 동일하게 진행한다.

같은 방법으로 B · P를 지나면서 커트한다.

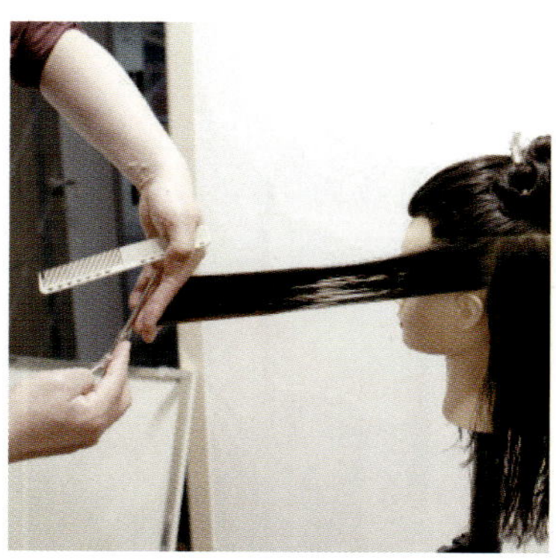

동일하게 왼쪽 사이드까지 연결한다.

남아있는 섹션에서 2등분하여 브로킹한다.

섹션된 모습

오른쪽 사이드부터 버티컬 섹션으로 두상곡면의 90° 시술각으로 약 2cm 디스커넥션하여 커트한다.

두상각 90°로 디스커넥션 된 가이드에 맞추어 온베이스하여 뒤쪽으로 왼쪽 사이드까지 진행한다.

디스커넥션된 길이

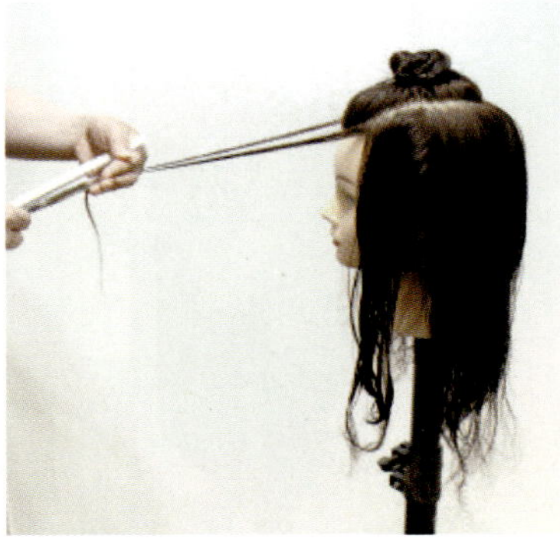

F · C의 머리를 맞추어 가이드를 설정한다.

프런트는 F · C에 맞추어 앞으로 잡아 당겨 커트한다.

90°로 커트한다.

설정된 가이드에 맞추어 90°로 커트한다.

왼쪽에 맞추어 가이드를 확인 후 커트한다.

남아있는 오른쪽 프런트의 디스커넥션된 부분을 모두 커트한다.

T · P에서 G · P로 연결하여 커트한다.

완성된 앞모습

완성된 옆모습

완성된 뒷모습

완성 1

완성 2

완성 3

완성 4

MEMO

도해도 그리기

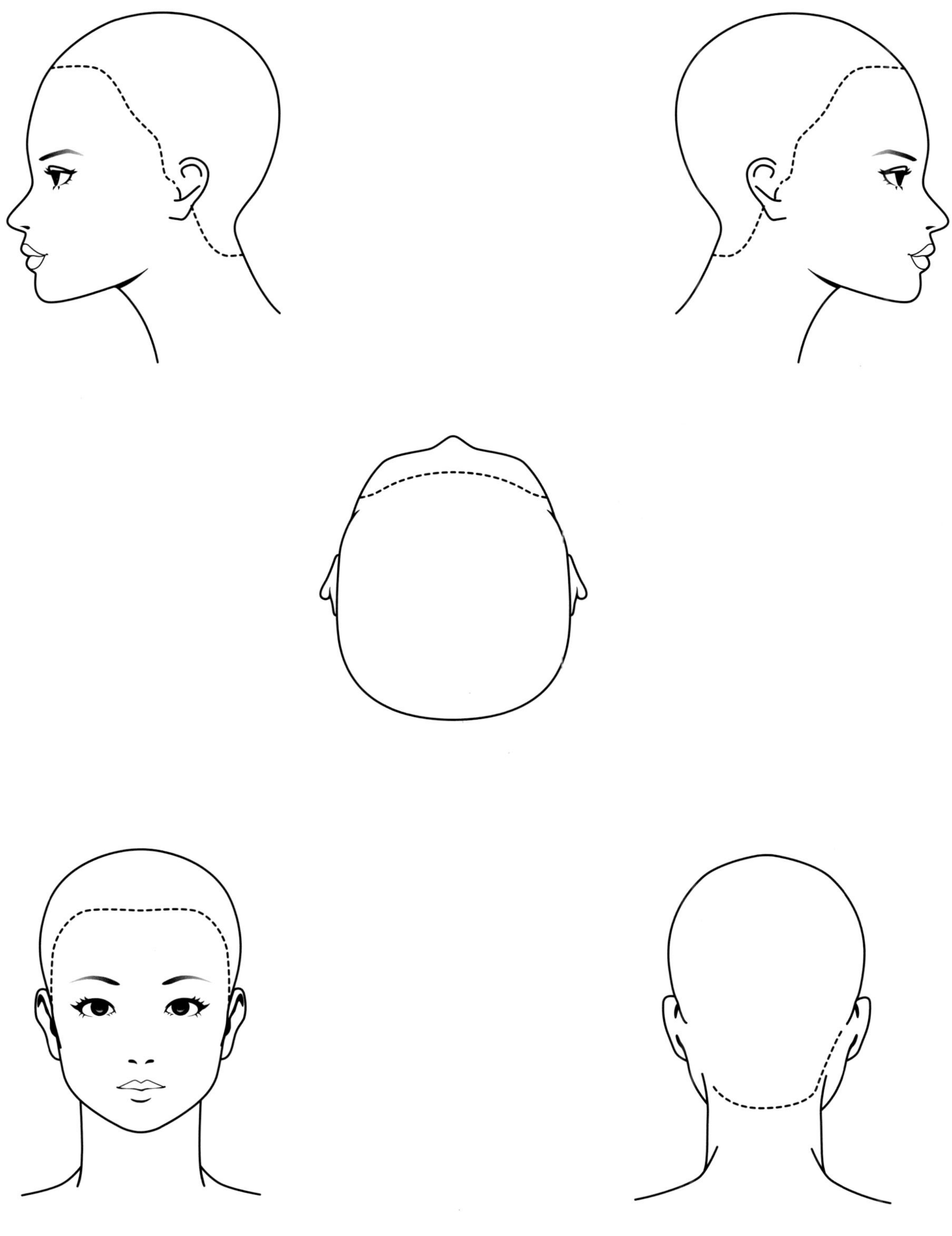

도해도 그리기

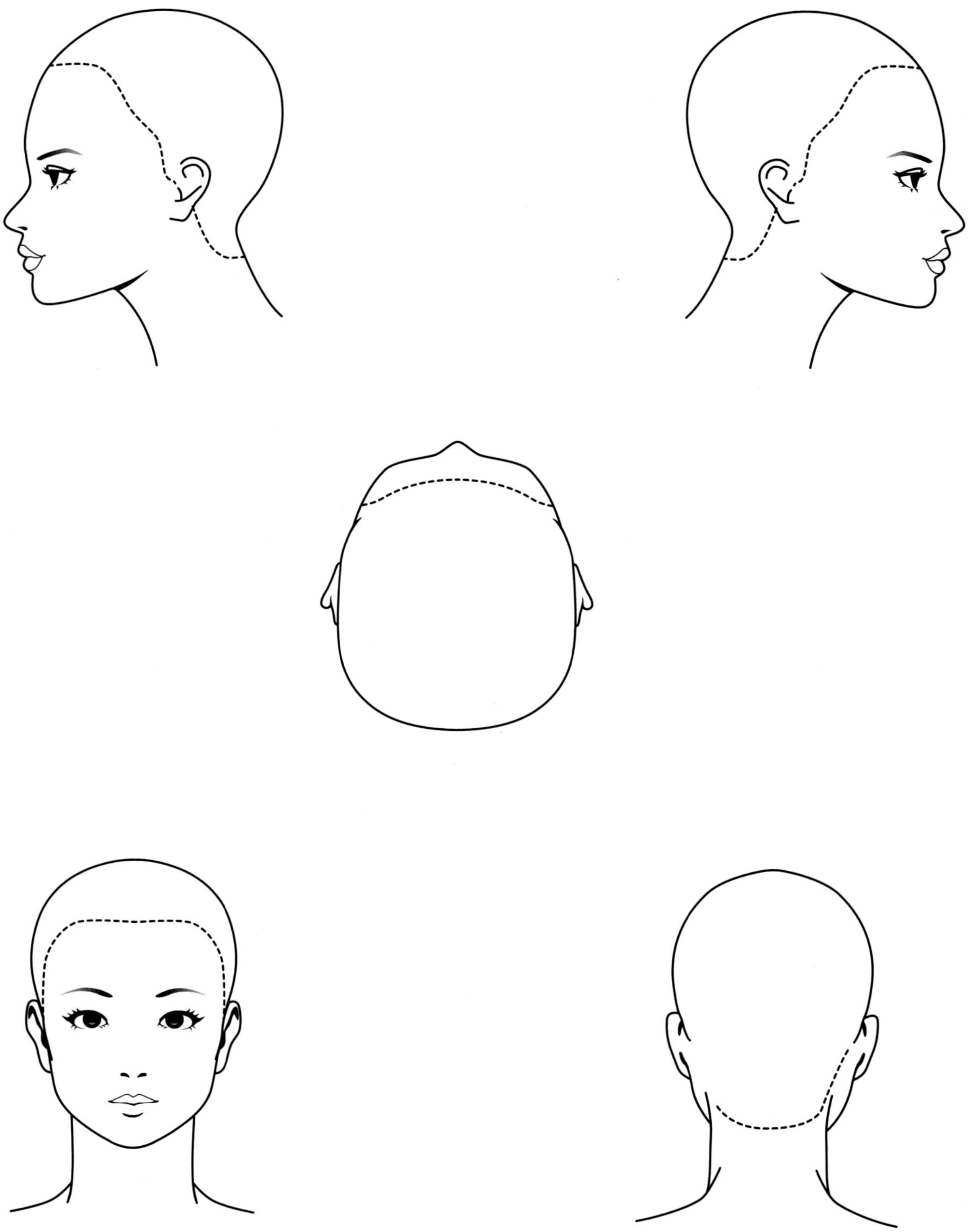

도해도 그리기

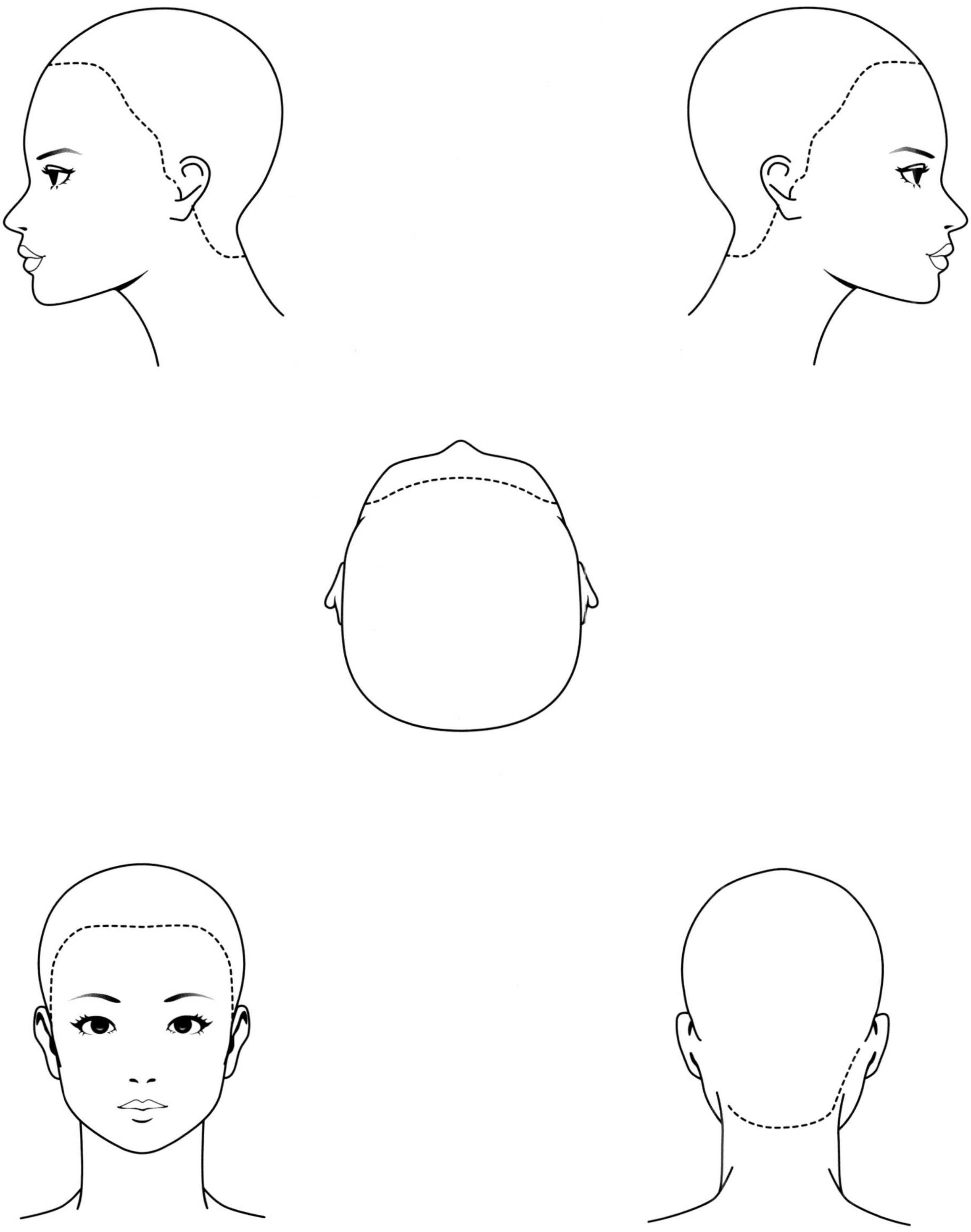

롱 헤어 작품 3

롱 헤어에서 가장 여성을 잘 표현할수 있는 스타일, 단아하면서 깔끔하고 정돈된 여성스러운 스타일 연출

도해도

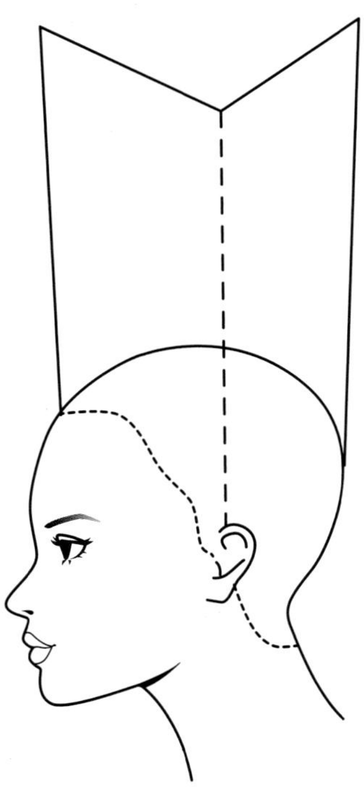

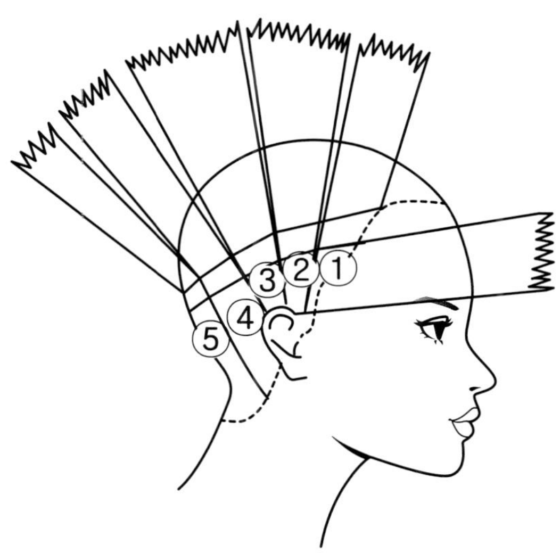

2섹션 on 디스커넥션

① 블로킹은 눈썹에서 일직선으로 올라와서 옥시비탈존까지 삼각 섹션한다.

② 여기에서 1cm 가이드를 정하여 직각으로 올려 가이드를 설정한다.

③ 페이스 라인의 오른쪽 사이드를 수직으로 앞쪽으로 당겨서 코너를 제거한다.

④ 오른쪽 E · P의 두번째 섹션도 수직으로 올려 가이드와 맞춘다.

⑤ 반복하여 B · P까지 간다. (섹션의 기울기로 진행)

⑥ 오른쪽 사이드도 동일하게 진행한다.

⑦ 오너섹션을 탑에서 ½를 분리한다.

⑧ 분리한 백 부분을 한 번에 잡고 탑에서 사선으로 길어지게 아웃라인 커트한다.

⑨ 프런트 부분은 백의 가이드를 가지고 앞쪽이 길어지게 사선 커트한다.

시술 전

시술 전 브로킹

블로킹은 눈썹에서 일직선으로 올라와서 옥시비탈존까지 삼각 섹션한다.

옥시비탈존까지 삼각섹션한다.

왼쪽 페이스라인 코너 포인트에서 1cm 직각으로 올려 가이드를 설정한다.

왼쪽 페이스 라인에서 정해진 가이드에 따라서 옥시비탈존까지 연결하여 커트한다.

오른쪽 페이스라인 코너 포인트에서 1cm 직각으로 올려 가이드를 설정한다.

가이드에 따라서 옥시비탈존까지 1cm 커트한다.

가이드와 연결하여 커트한다.

가이드가 정해지면 가이드에 맞추어 수직으로 올려서 커트한다.

앞쪽으로 당겨서 코너를 제거한다.

수직직각으로 커트한다.

다음 섹션을 수직으로 올려 가이드와 맞춘다.

수직으로 올려 가이드와 맞춘다.

가이드에 맞추어 수직직각으로 커트한다.

옥시비탈존까지 연결하여 수직직각으로 커트한다.

왼쪽 사이드도 가이드에 맞추어 수직직각으로 커트한다.

수직직각으로 커트한다.

앞쪽으로 당겨 코너를 제거한다.

다음 섹션도 연결하여 수직으로 올려 커트한다.

E · P 뒤는 두상각도에 맞추어 수직직각 커트한다.

두상에 맞추어 옥시비탈존까지 커트한다.

네이프 머리를 모두 잡아 가이드에 맞추어 커트한다.

아웃섹션은 T · P를 기준으로 2등분으로 나눈다.

2등분한 탑에서 옥시비탈존까지 한번에 잡아서 수직직각으로 커트한다.

프런트 머리는 T · P를 가이드하여 뒤쪽으로 잡아당겨 커트한다.

T · P를 가이드하여 뒤쪽으로 잡아 당겨 커트한다.

디스커넥션 되어 있는 모습

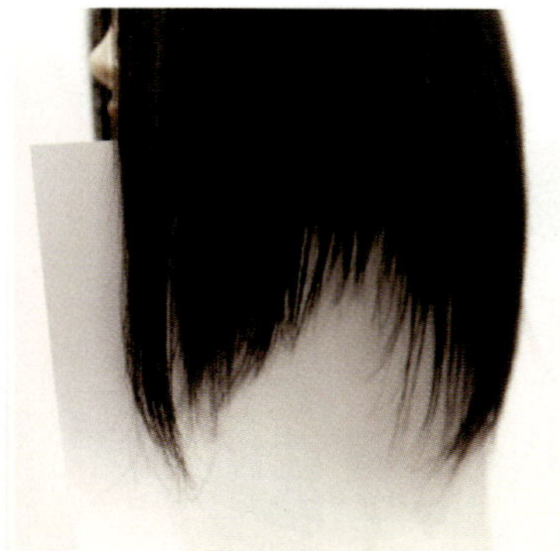

아웃 섹션의 옆모습

완성 1

완성 2

완성 3

MEMO

도해도 그리기

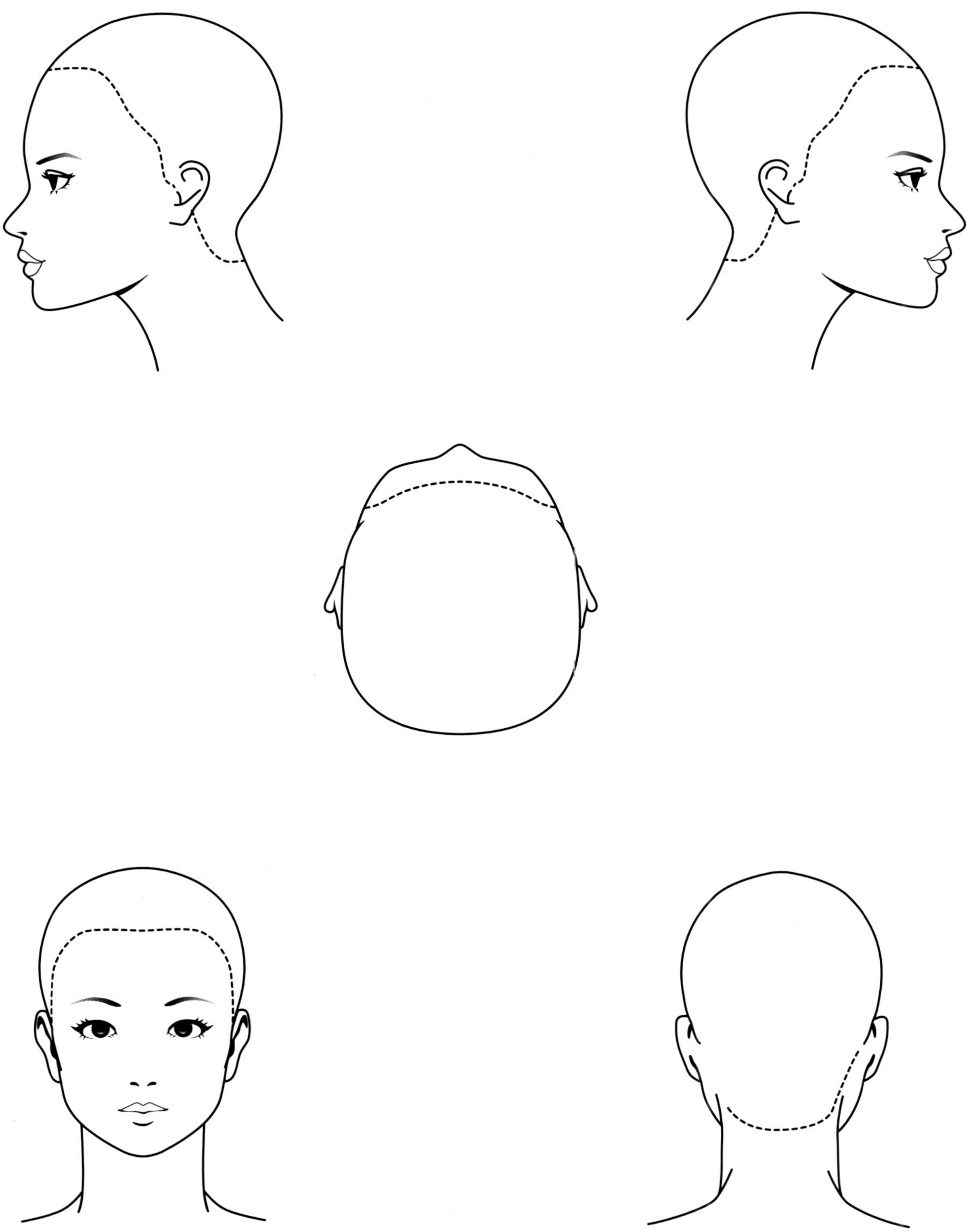

도해도 그리기

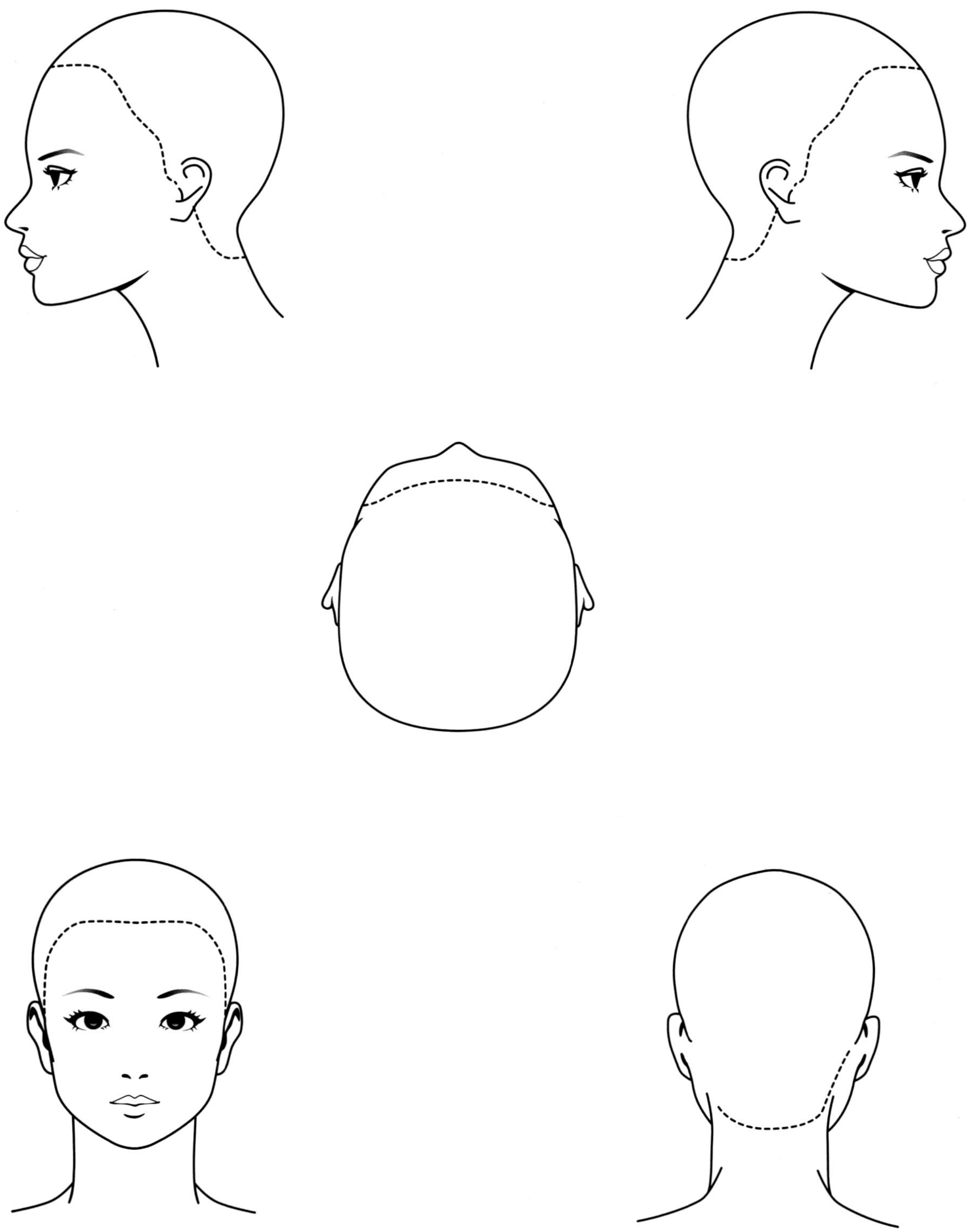

도해도 그리기

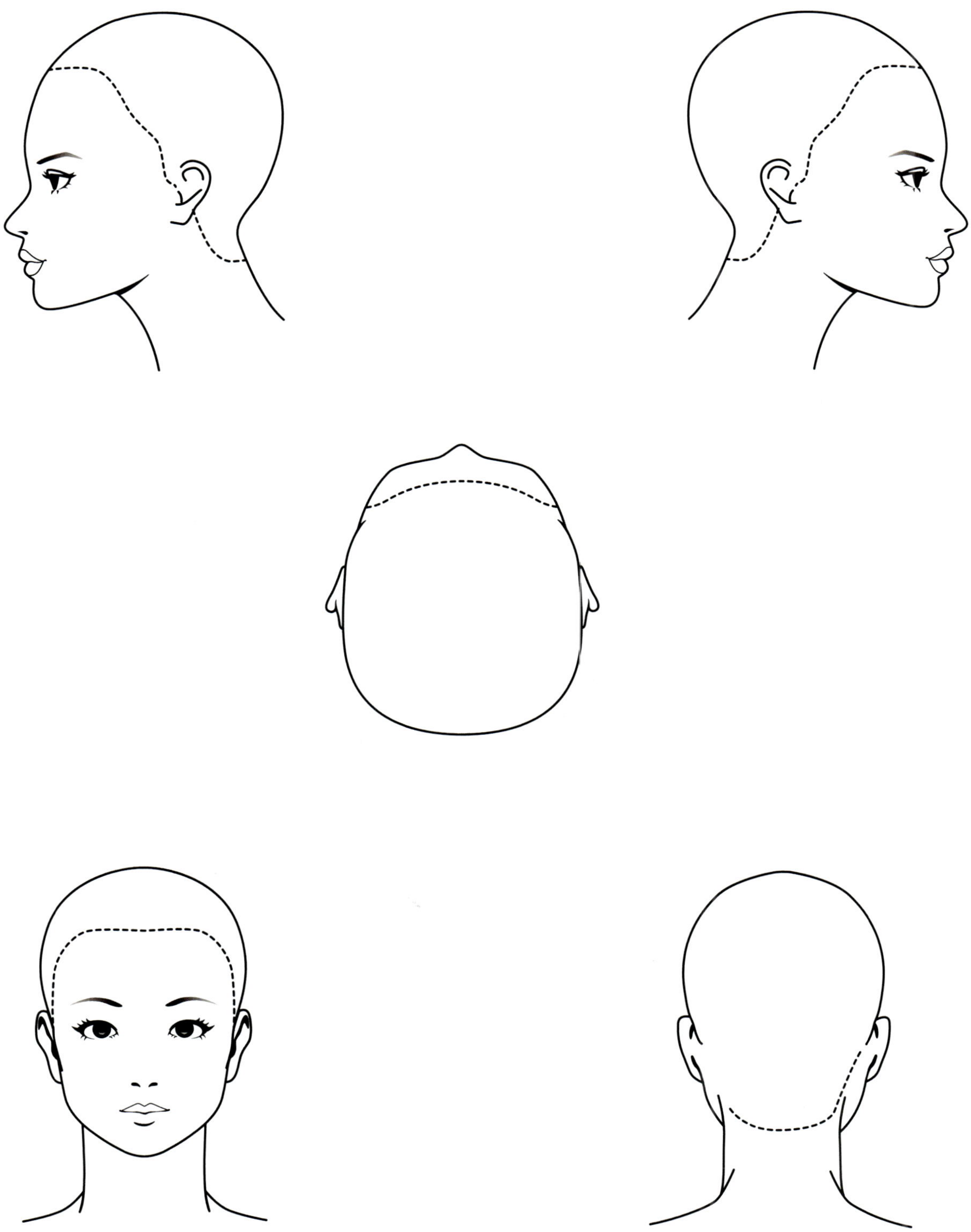

커트의 수학적 법칙

1. 뫼비우스의 띠

뫼비우스의 띠(Möbius strip)는 **위상수학**적인 곡면으로, 경계가 하나밖에 없는 2차원 도형이다.

안과 밖의 구별이 없는 대표적인 도형으로서 **비가향적**(non-orientable)이다. **1858년**에 아우구스트 페르디난트 뫼비우스와 **요한 베네딕트 리스팅**이 서로 독립적으로 발견했다.

모형은 종이 띠를 절반 만큼 비틀어 끝을 붙이는 것으로 간단하게 만들 수 있다. 사실 **유클리드 공간**에서는 어느 쪽으로 비트느냐에 따라 두 종류의 뫼비우스 띠가 존재한다. 따라서 뫼비우스의 띠는 키랄성(Chirality; 실제상과 거울상이 겹치지 않은 구조의 성질, 즉 회전 반사대칭이 없는 구조의 입체적 성질을 띤다.

뫼비우스의 띠는 기하학에 역학성이 접목된 폭넓은 개념이라고 이해하면 된다.

– 뫼비우스의 띠 –

뫼비우스의 띠가 회전 반사대칭이 없는 구조적 입체적 성질을 띠기 때문에 레이어 커트에 가장 적합하다.

레이어 커트는 두피에서 90도 각도로 들어올려 가장 입체감을 보이는 커트가 되기는 하나 자칫 지저분해보일수도 있다.
따라서, 뫼비우스의 띠가 매끄러운 곡선이 끝없는 이어지기 때문에 2차원적 도형이지만 3차원적 느낌이 나타난다.

매끄러운 레이어 커트를 하기 위해서는 각각의 독립적인 슬라이스 라인을 연결하여 서로 다른 듯 연결된 모티브를 찾아
앞선의 느낌을 최대한 살려서 텍스트를 부여하게 되면 커트만으로도 멋진 스타일을 선보일 수 있다.

04;

APPLY HAIR CUT

응용헤어커트_ 주차별 강의계획 I M(미디움 헤어) 작품

MIDIUM
HAIR

미디움 헤어 작품 1

모든 얼굴형에 어울리면서 모던함을 잘 표현할수 있는 스타일

도 해 도

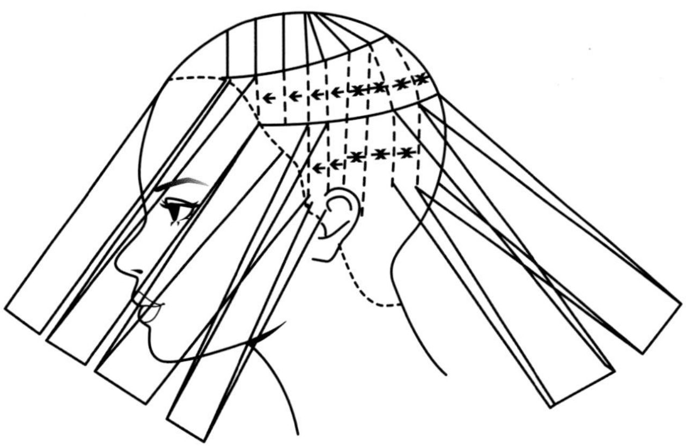

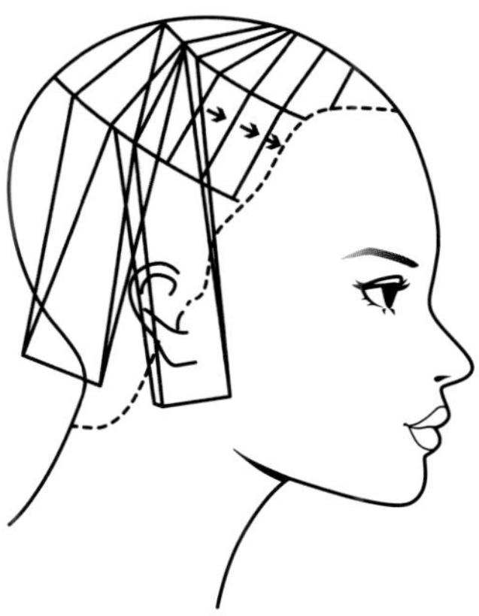

완성된 앞 모습

완성된 뒷 모습

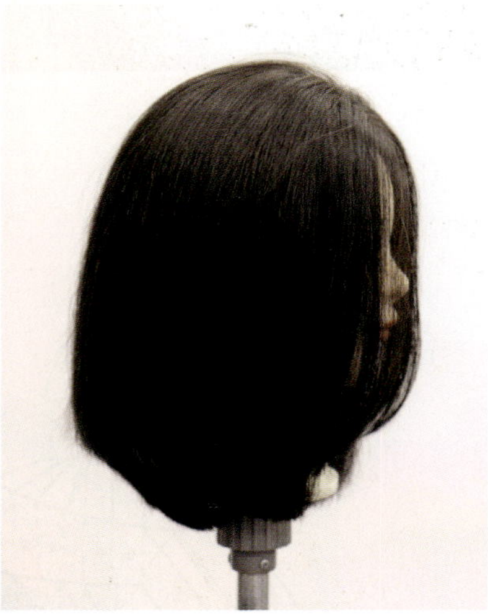

완성된 오른쪽 모습

2섹션

① 템플에서부터 2섹션 블로킹한다.

② 형태선의 가이드를 먼저 정하여 커트한다.

③ 오른쪽 사이드의 페이스라인을 약 2cm 수직 섹션하여 낮은 시술각으로 사선 커트한다.

④ 동일한 섹션으로 백까지 진행하고 45°의 수직섹션으로 사선 커트한다.

⑤ 왼쪽 사이드도 오른쪽과 대칭되게 앞쪽으로 당겨 낮은 시술각으로 커트한다.

⑥ 블로킹의 남은 모발을 약 3cm 내린 뒤 페이스 라인을 사이드가이드에 맞추어 커트한다.

⑦ 오른쪽 페이스라인도 사이드의 가이드에 맞추어 커트한다.

⑧ 남은 블로킹을 모두 내리고 앞의 프런트를 먼저 가이드로 설정한다 .

⑨ 남은 섹션은 피봇 파팅으로 수직 섹션하여 커트한다.

템플에서 2섹션 블로킹한다.

2섹션으로 블로킹하여 이등분한다.

블로킹을 이등분한 후 길이 설정을 먼저한다.

형태선의 가이드를 먼저 정하여 커트한다.

앞쪽으로 옮기면서 형태선 정하기

오른쪽 사이드의 페이스라인을 약 2cm 수직 섹션하여 낮은 시술각으로 섹션과 사선으로 커트한다.
(코너를 제거한다.)

두 번째 섹션도 동일하게 진행한다.

동일한 섹션으로 백까지 진행한다.

45°의 수직섹션으로 사선 커트한다.

왼쪽 사이드도 오른쪽과 대칭되게 앞쪽으로 당겨 낮은 시술각으로 커트한다.

다음 섹션도 동일하게 진행하되 온베이스를 유지하도록 한다.

뒤쪽으로 동일하게 진행한다.

45°의 수직섹션으로 사선 커트한다 .

블로킹의 모발을 약 3cm 내린 뒤 페이스 라인을 사이드가이드에 맞추어 커트한다.

다음 섹션도 온베이스로 수직섹션하여 사선으로 커트한다.

뒤쪽으로 가면서 동일하게 진행한다.

동일하게 진행하되 포인트 커트한다.

오른쪽 페이스라인도 사이드의 가이드에 맞추어 커트한다.

45°의 수직섹션으로 사선 커트한다.

남은 블로킹을 모두 내리고 앞의 프런트를 먼저 가이드로 설정한다.

피봇 파팅으로 수직 섹션하여 커트한다.

피봇 파팅으로 수직 섹션하여 커트한다.

반대쪽 페이스라인도 낮은 시술각으로 자연분배하여 포인트 커트한다.

다음 섹션도 동일하게 진행한다.

동일하게 포인트 커트한다.

피봇 파팅으로 동일하게 진행한다.

프런트는 양쪽이 대칭되도록 같이 잡고 커트한다.

완성 1

완성 2

완성 3

MEMO

도해도 그리기

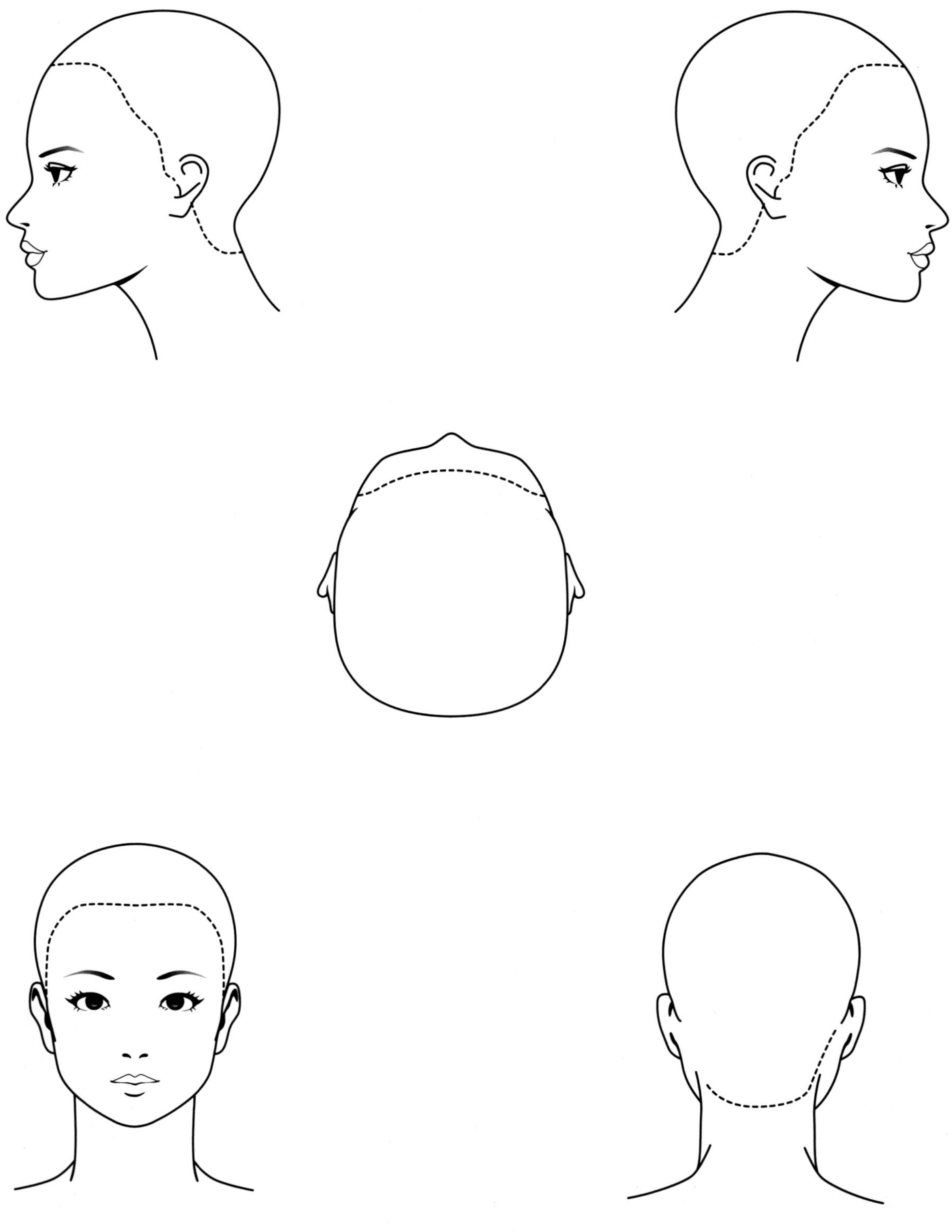

도해도 그리기

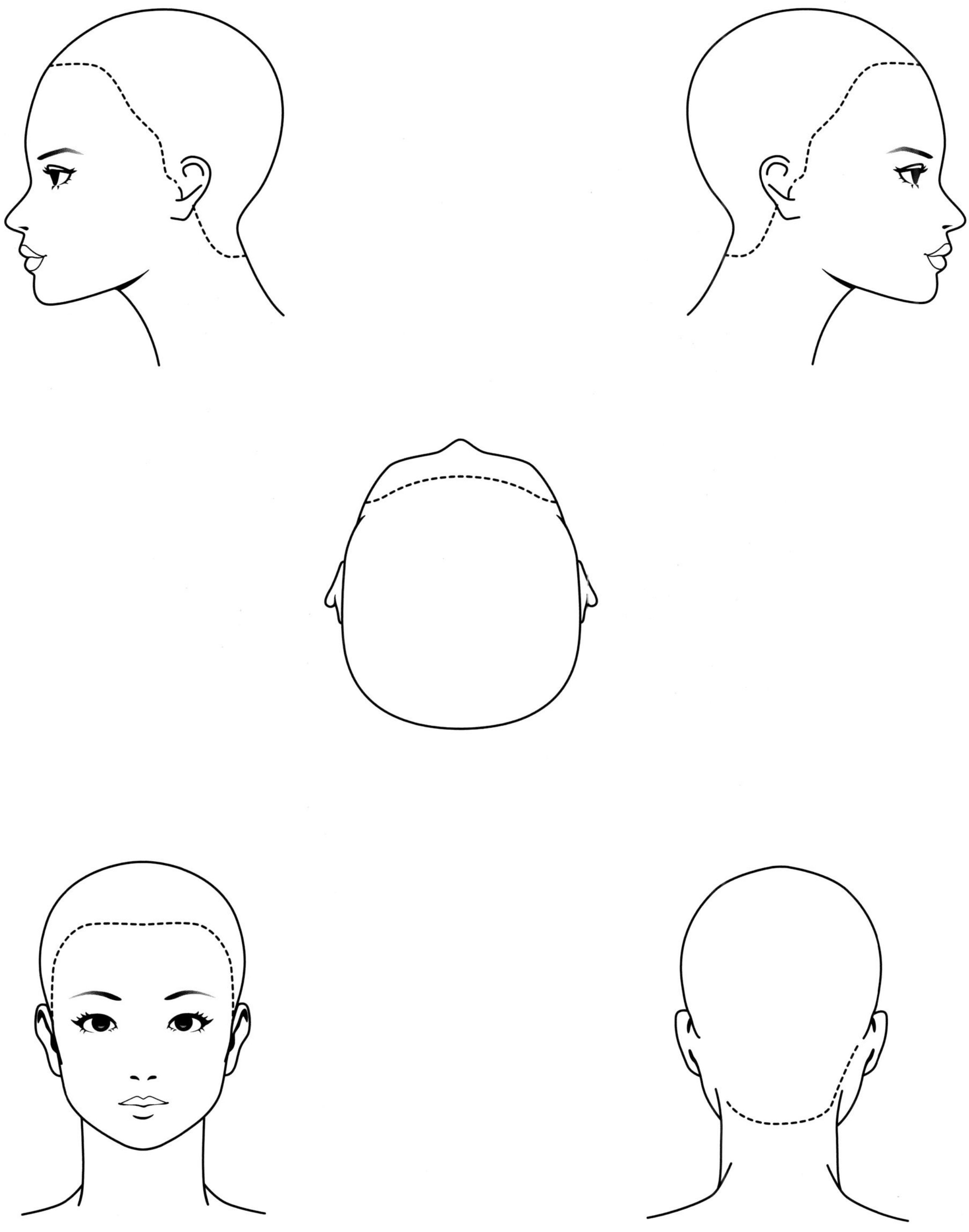

미디움 헤어 작품 2

턱선과 볼선을 보정할 수 있는 너무 가볍지 않은 단차로 스타일을 연출할 수 있다.

도해도

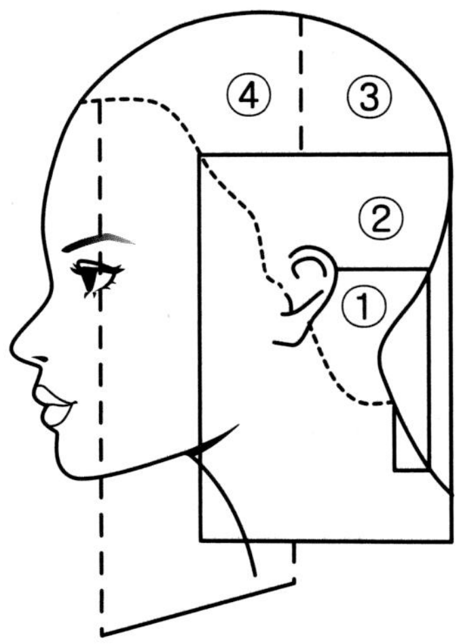

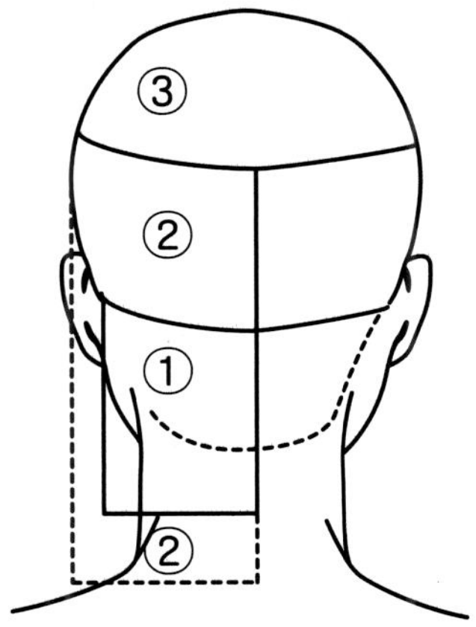

완성된 왼쪽 모습

완성된 뒷 모습

완성된 오른쪽 모습

2섹션 on 디스커넥션

① 인테리어를 U 블로킹하고 언더 섹션을 센터로 탄다.

② 먼저 가이드를 위하여 네이프의 형태선을 잡는다.

③ 백의 중간 부분은 네이프의 길이보다 약 2cm 길게 디스커넥션으로 커트한다 .

④ 왼쪽 사이드까지 동일하게 진행한다 .

⑤ 2등분된 모발을 모두 놓고 피봇으로 빗질하여 백 부분의 긴 머리를 가이드에 맞춘다.

⑥ 왼쪽 사이드의 길이는 앞쪽으로 길어지게 사선으로 디스커넥션 커트한다.

⑦ 오른쪽 프런트도 앞쪽으로 길어지게 사선으로 디스커넥션 커트한다.

인테리어를 U 블로킹하고 언더 섹션을 센터로 탄다.

먼저 가이드를 위하여 네이프의 형태선을 잡는다.

네이프 모발을 언더로 짧게한다.

백의 중간부분은 네이프의 길이보다 약 2cm 길게 커트한다.

네이프보다 2cm 길게 커트한다.

길어진 중간머리를 가이드로 하여 사이드로 진행한다.

동일하게 진행한다.

왼쪽 사이드까지 동일하게 진행한다.

네이프와 디스커넥션 된 모발을 동일하게 오른쪽 사이드로 진행한다.

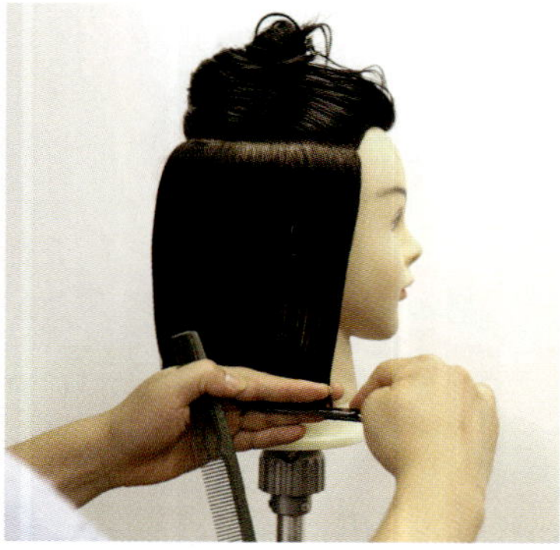

오른쪽 사이드까지 동일하게 진행한다.

2등분된 모발을 모두 놓고 피봇으로 빗질하여 백 부분의 긴 모발을 가이드에 맞춘다.

백 부분은 가이드에 맞추어 커트한다.

동일하게 백사이드로 진행한다.

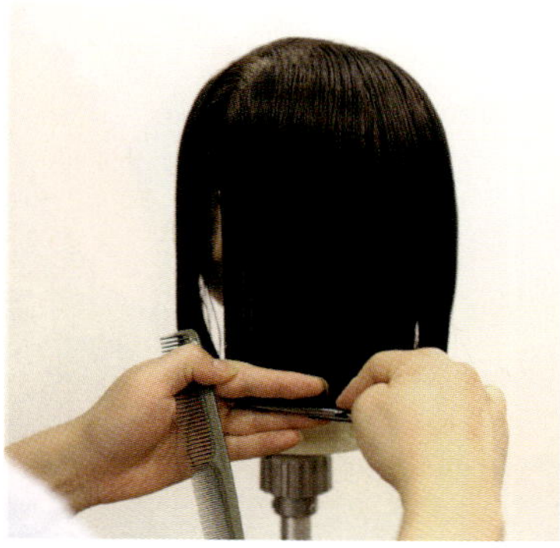

동일하게 진행한다.

오른쪽 백 사이드도 자연 분배하여 동일하게 진행한다.

동일하게 진행한다.

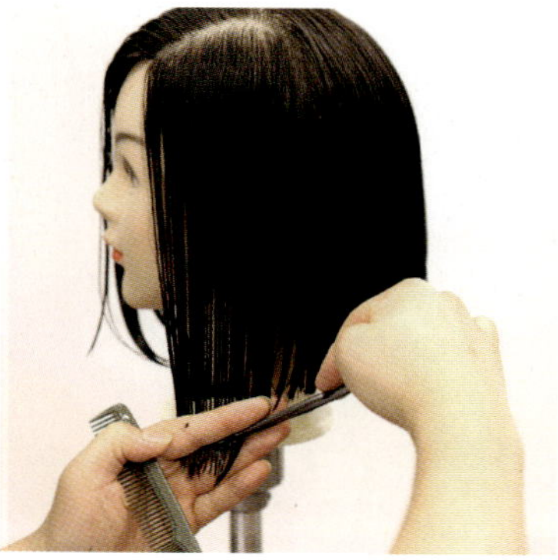

왼쪽 사이드의 길이는 앞쪽으로 길어지게 사선 커트한다.

오른쪽 프런트도 앞쪽으로 길어지게 사선으로 커트한다.

완성 1

완성 2

완성 3

완성 4

MEMO

도해도 그리기

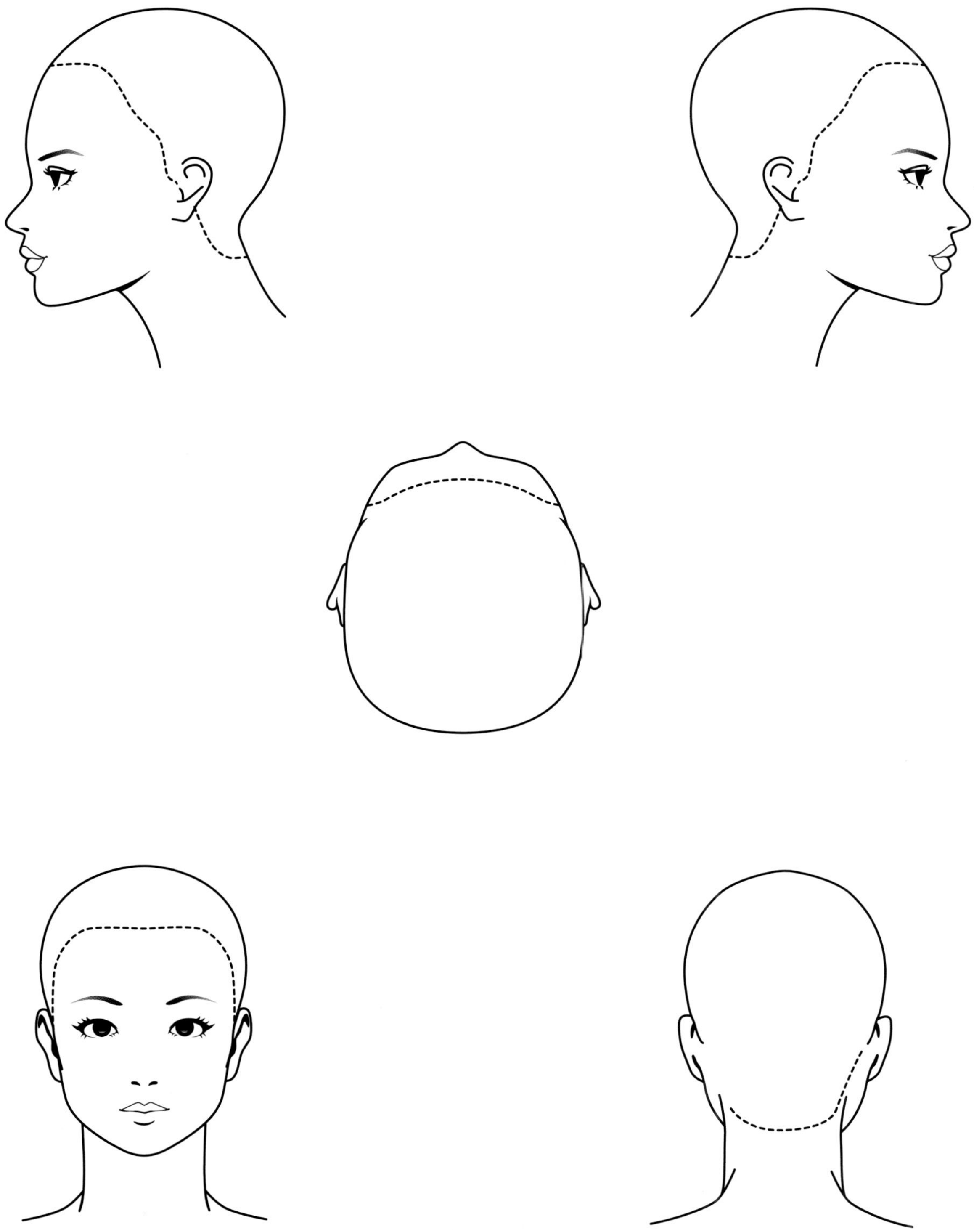

도해도 그리기

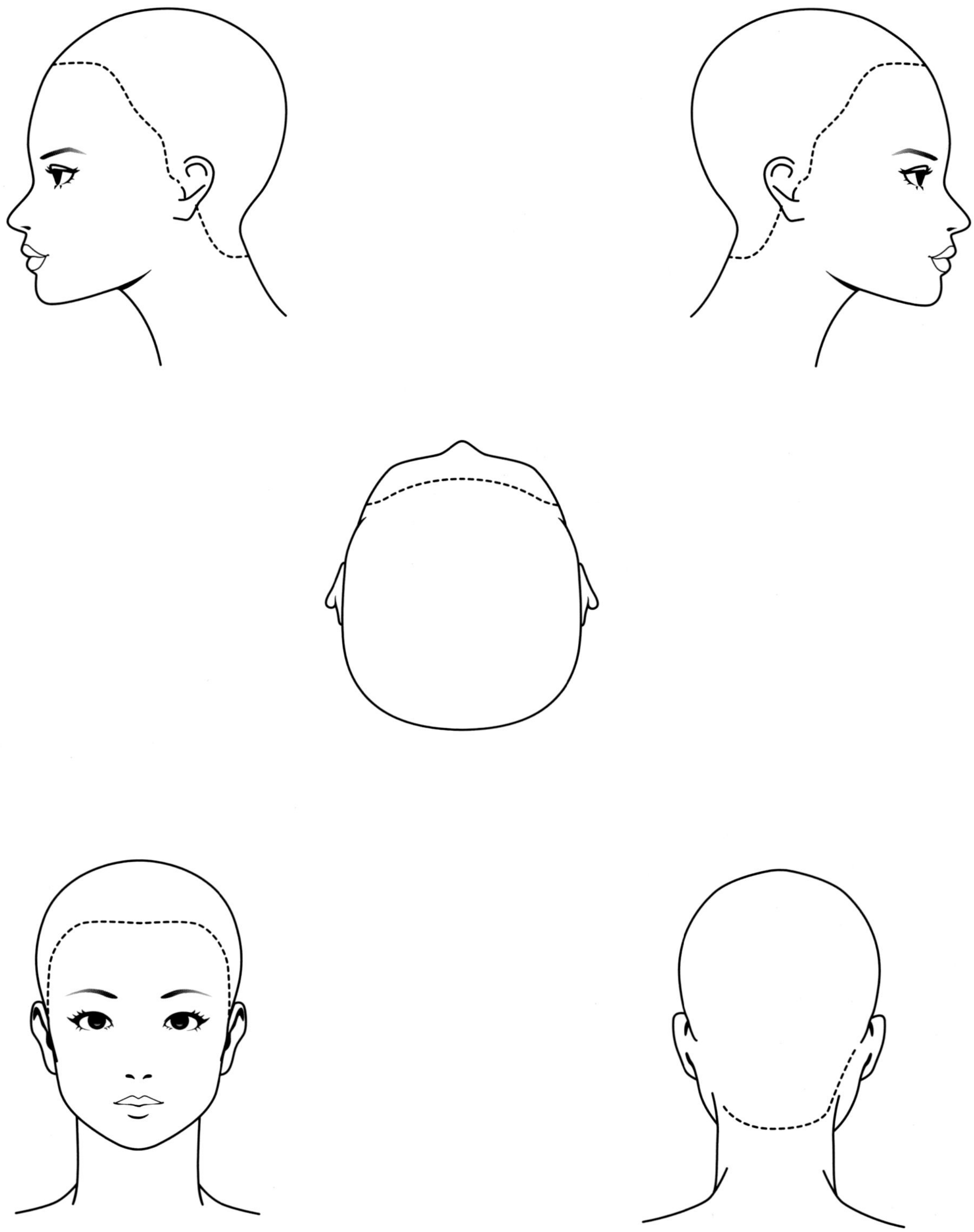

도해도 그리기

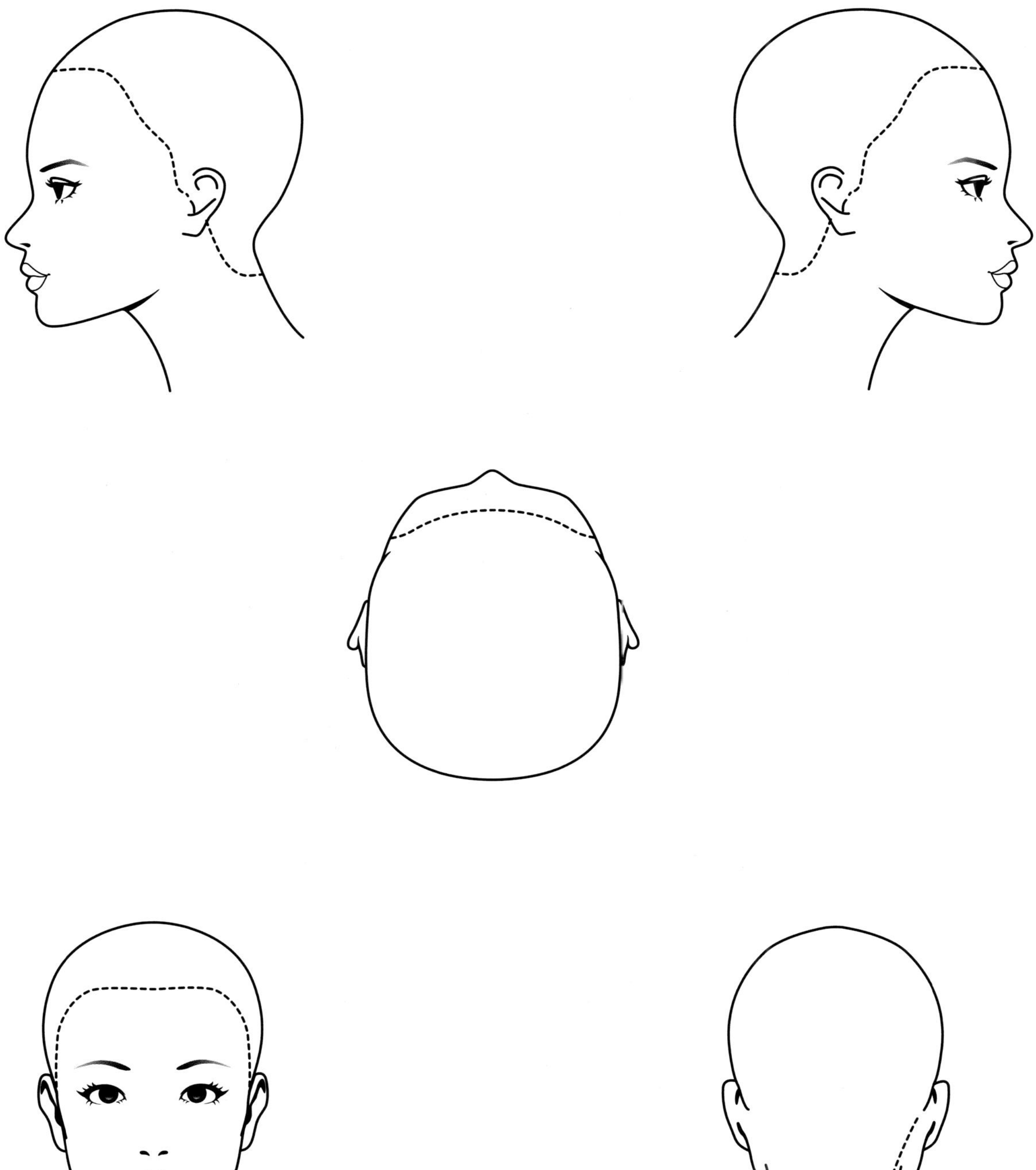

미디움 헤어 작품 3

단조로운 그라데이션을 수정 보완할수 있는 스타일. 세련된 느낌과 귀여움을 동시에 연출할 수 있다.

도 해 도

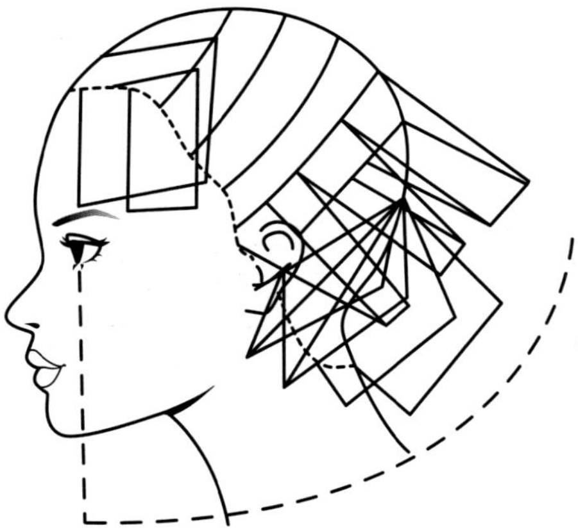

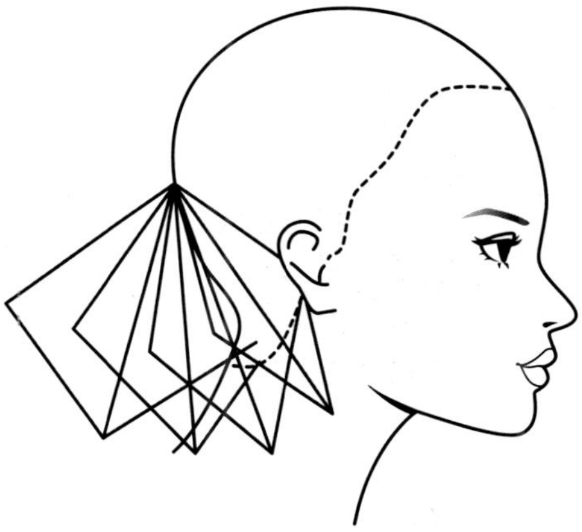

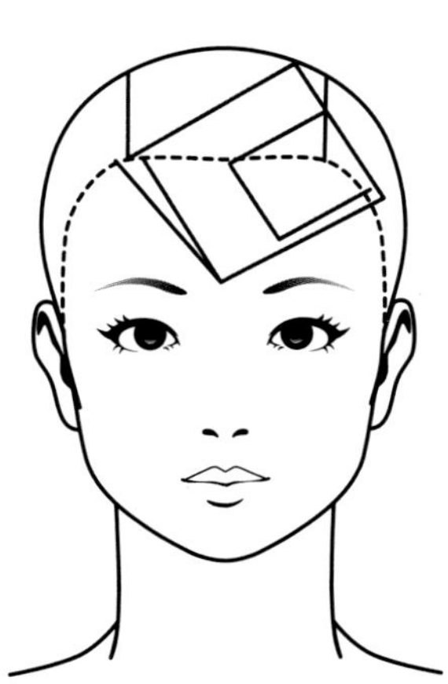

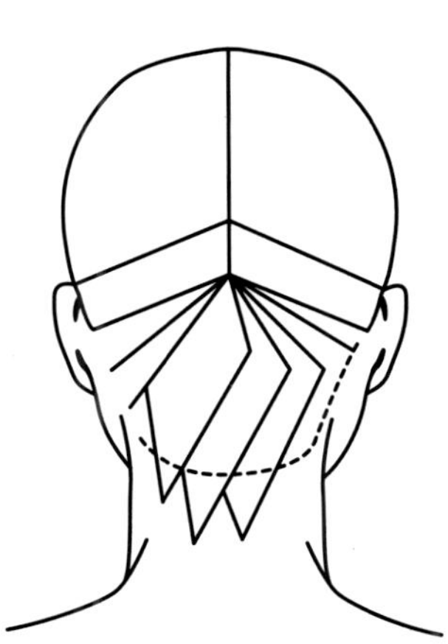

완성된 왼쪽 모습

완성된 뒷 모습

완성된 오른쪽 모습

3섹션 on 혼합형

① 앞머리는 블로킹을 탑에서 사선으로 페이스라인 눈썹 끝까지 삼각 섹션한다.
② 탑에서 네이프 포인트까지 일직선으로 2등분한다.
③ 옥시비탈존에서 귀 뒤의 중간까지 사선 섹션한다.(콘케이브)
④ 왼쪽을 먼저 2cm씩 전대각 섹션하여 설정된 가이드에 맞춘다.
⑤ 반복하여 B · P까지 간다. (섹션의 기울기로 진행)
⑥ B · P를 지나면서부터는 사이드까지 연결하여 전대각 섹션한다.
⑦ 사이드 첫 번째 섹션은 각도를 들지 않는다.
⑧ 2cm씩 연결하여 왼쪽를 다 커트한 다음 오른쪽도 왼쪽과 같게한다.
⑨ 프론트 부분은 왼쪽 가르마를 삼각 섹션하여 가이드를 정한 후 앞머리를 모두 가이드에 맞추어 커트한다.

앞머리는 T · P에서 눈썹 끝까지 삼각섹션하여 블로킹한다.
탑에서 N · P까지 2등분하여

B · P에서 E · P · B 중간까지 콘케이브 섹션한다.

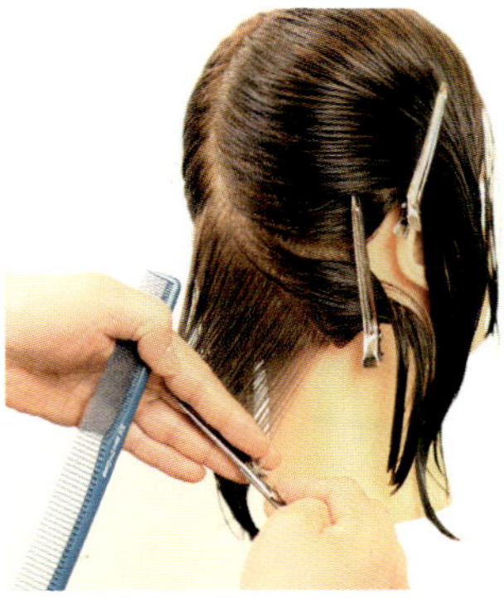

B · P에서 N · P까지 피봇섹션하여 가이드를 정한다.

두 번째 섹션도 오른쪽으로 진행하면서 사선섹션하여 가이드에 맞춘다.

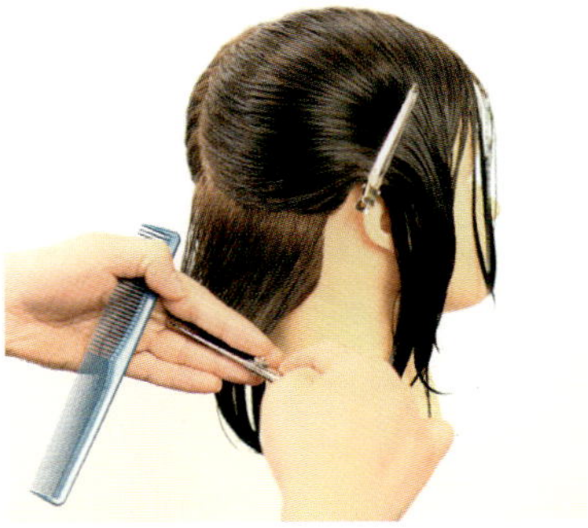

오른쪽 먼저 커트한다.

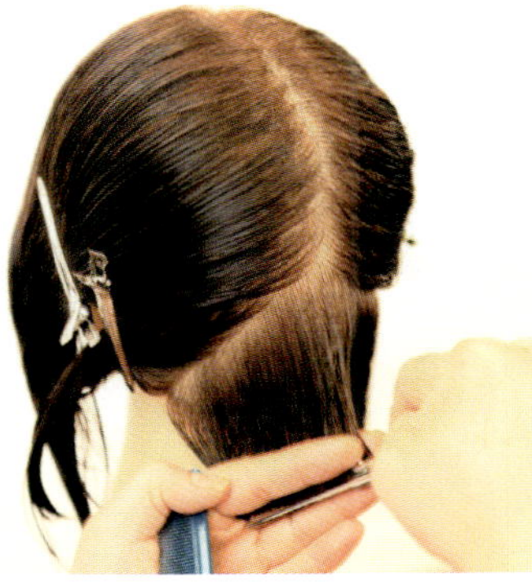

왼쪽도 오른쪽에 맞추어 사선섹션 한 후 가이드에 맞추어 커트한다.

왼쪽도 오른쪽과 대칭으로 진행한다.

왼쪽 B · S부터 약 2cm씩 전대각 섹션으로 가이드에 맞추어 진행한다.

2cm 정도씩 전대각 섹션하여 가이드에 맞추어 진행한다.

MIDIUM HAIR
작품3

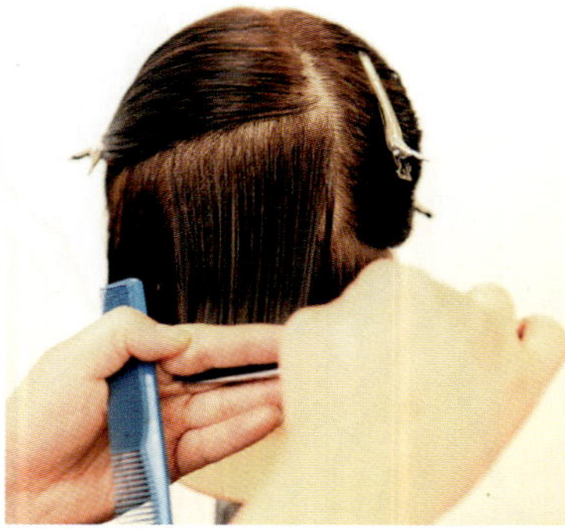

B · P까지는 45°로 사선섹션하여 가이드에 맞춘다.

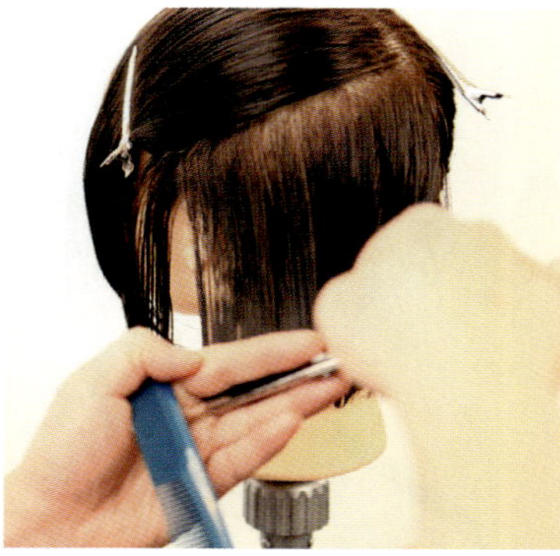

2cm씩 전대각 섹션하여 두상각도에 따라 약간 굴리면서 섹션하고 약간 사이드 베이스로 커트한다.

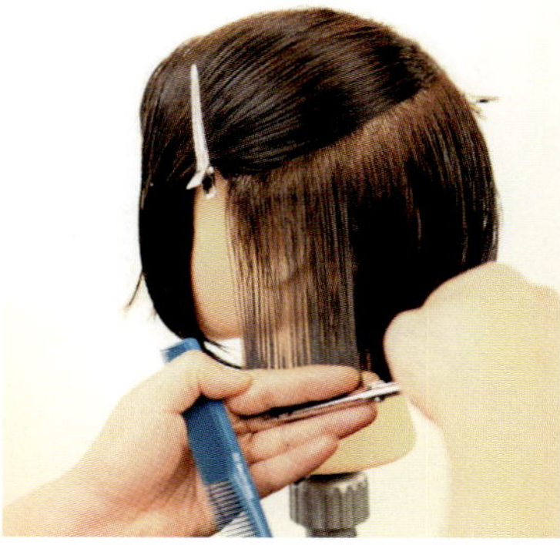

약 2cm씩 섹션하여 진행한다. 사이드 첫 번째 단은 0°로 커트한다.

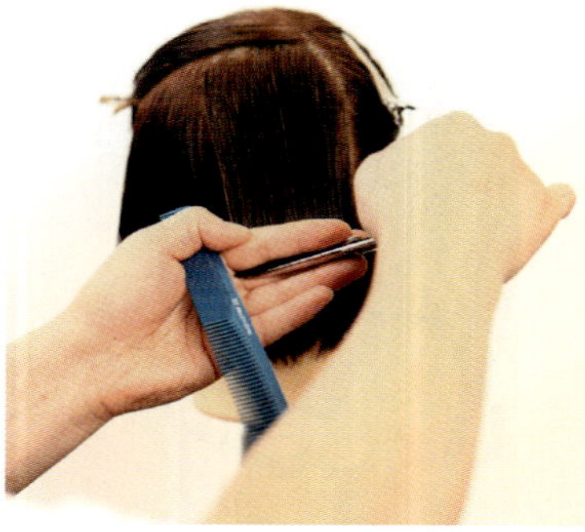

2cm씩 가이드에 맞추어 커트한다.

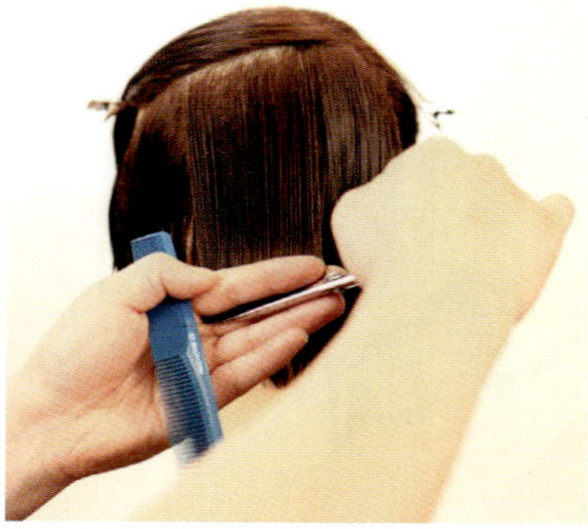

계속하여 전대각 섹션하여 가이드에 맞추어 진행한다.

앞머리 섹션된 부분까지 계속하여 진행한다.

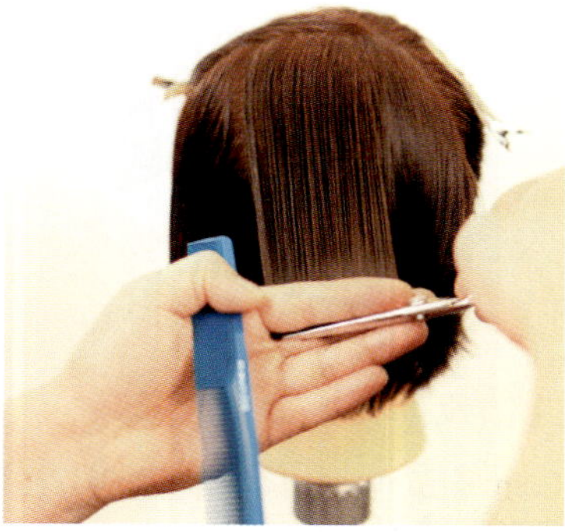

앞머리 블로킹까지 계속해서 진행한다.

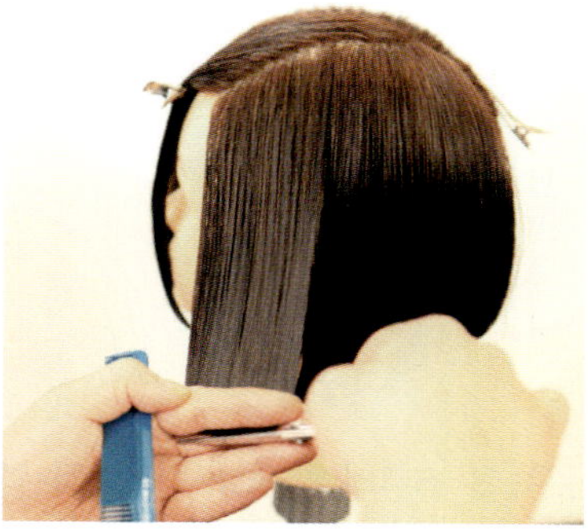

왼쪽 사이드까지 가이드와 연결하여 진행한다.

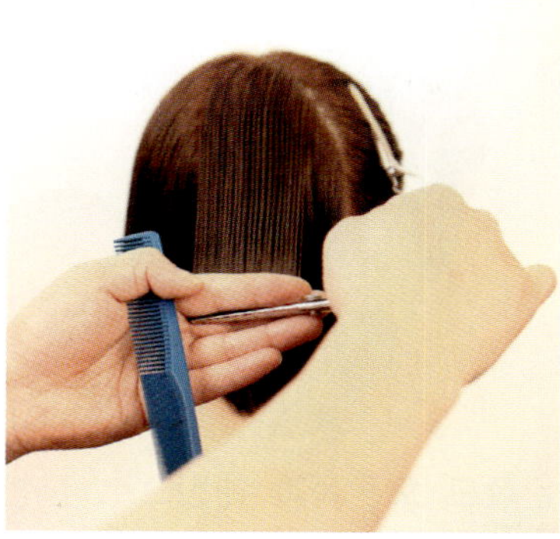

사이드는 각도를 높이지 않고 사이드 베이스로 커트한다.

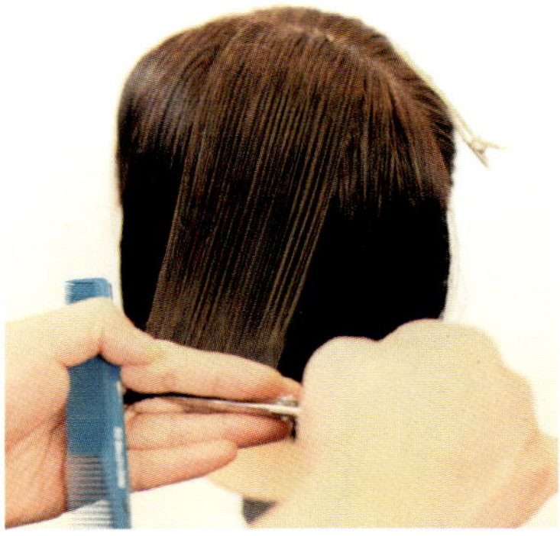

오른쪽은 왼쪽과 대칭으로 커트한다.

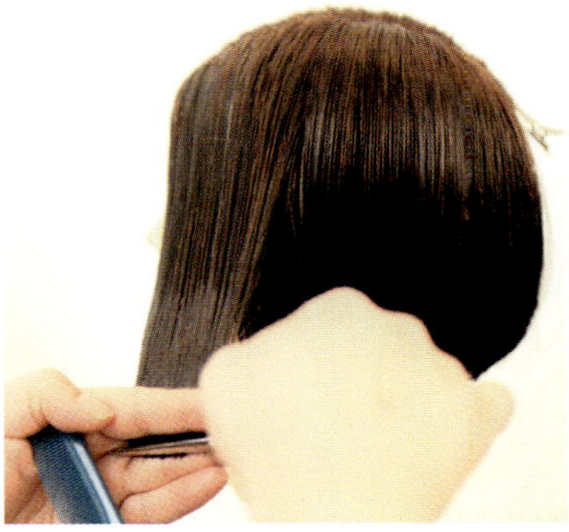

뒤의 머리를 먼저 가이드에 맞추고 앞으로는 사이드 베이스로 커트한다.

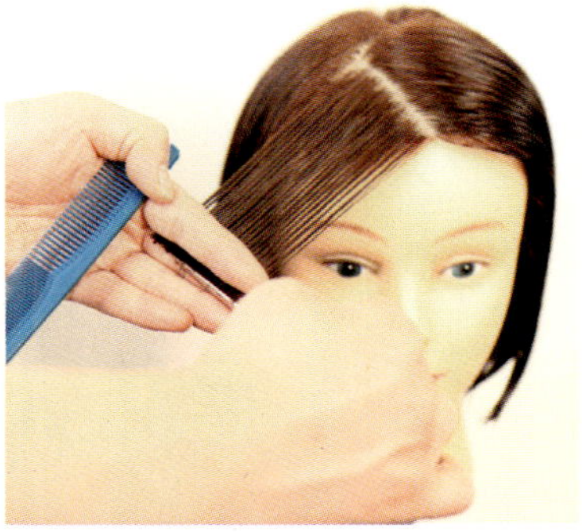

앞머리는 왼쪽 눈썹 위를 삼각 섹션하여 가이드로 정한다.

다음 섹션은 가이드로 당겨서 커트한다.

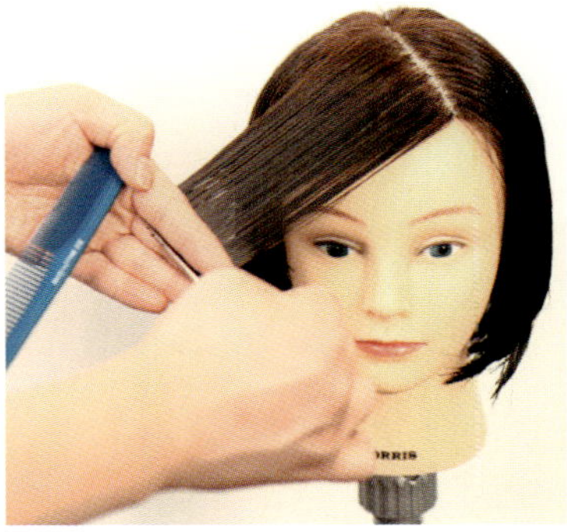

세 번째 섹션도 약 2cm씩 왼쪽 가이드에 맞추어 진행한다.

남은 앞머리 섹션은 모두 당겨 가이드에 맞추어 커트한다.

완성 1

완성 2

완성 3

MEMO

도해도 그리기

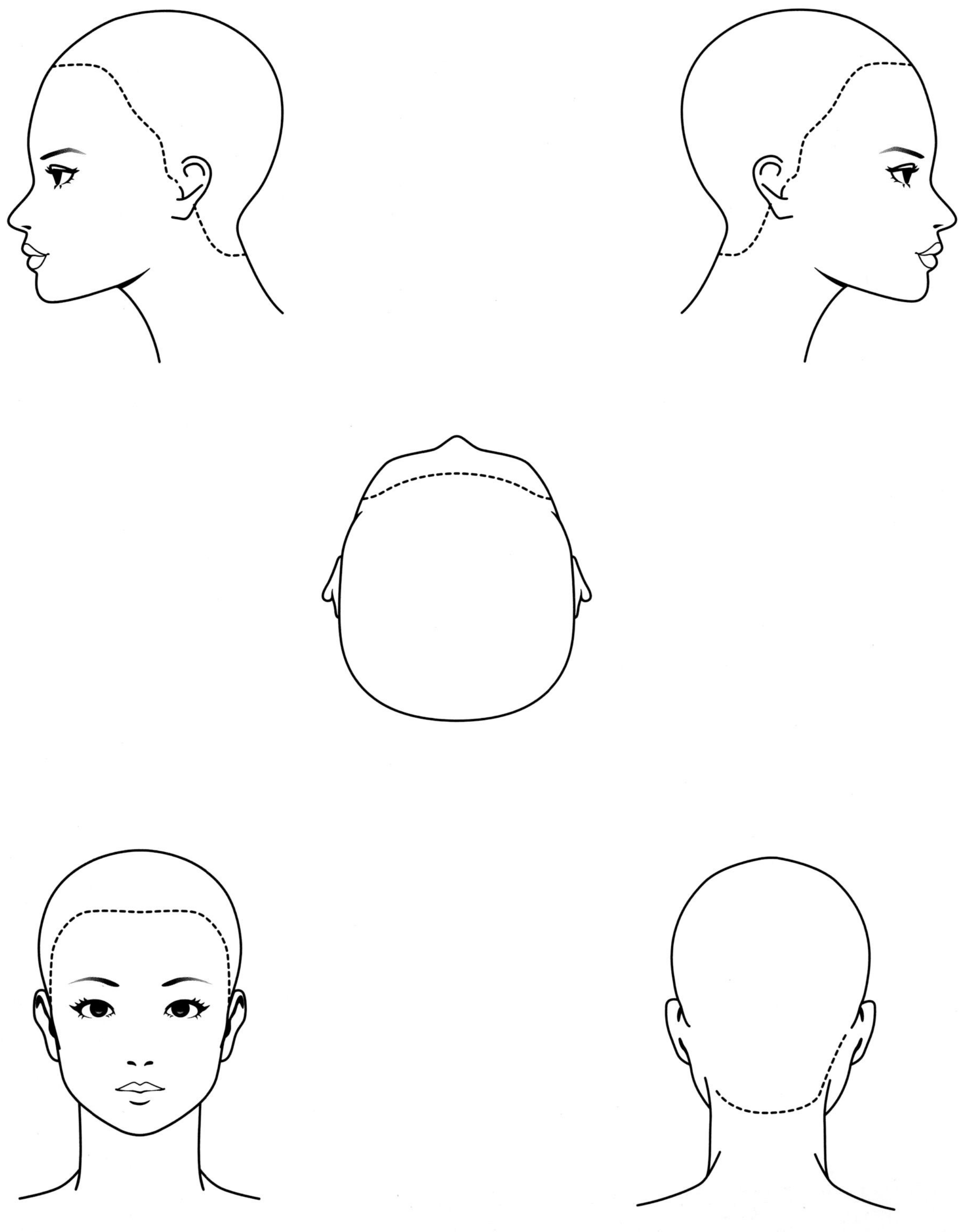

도해도 그리기

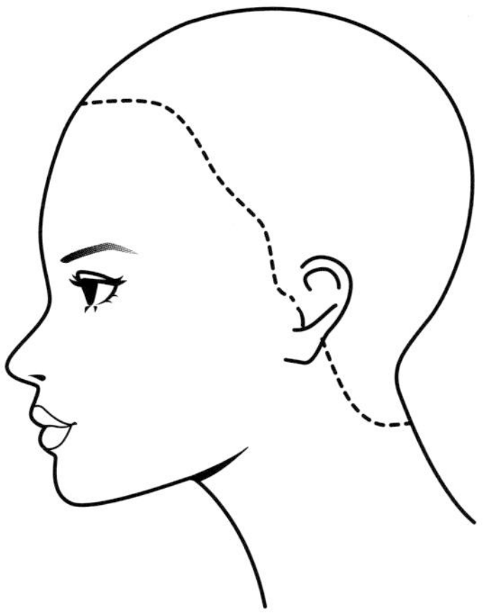

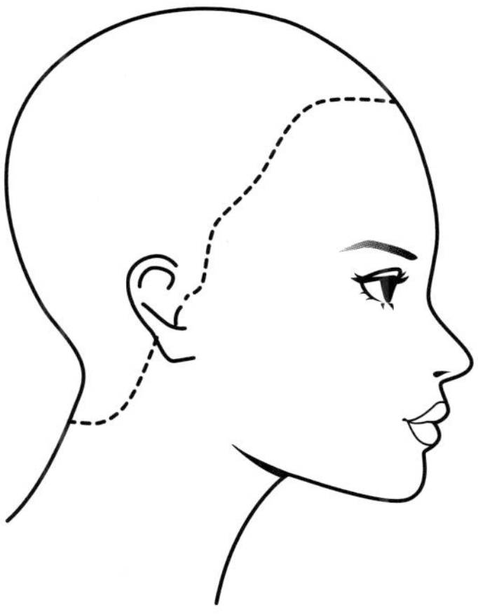

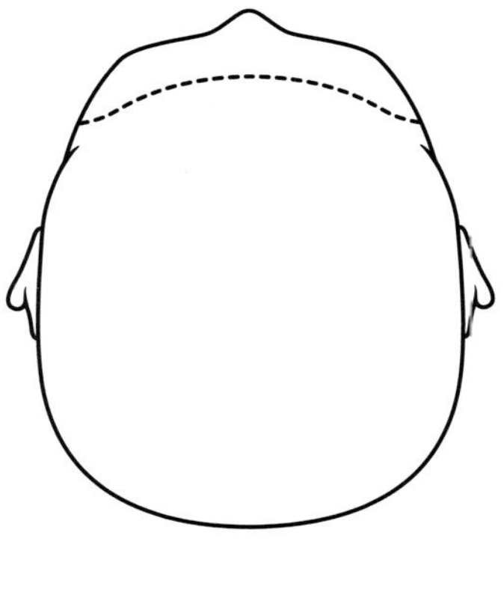

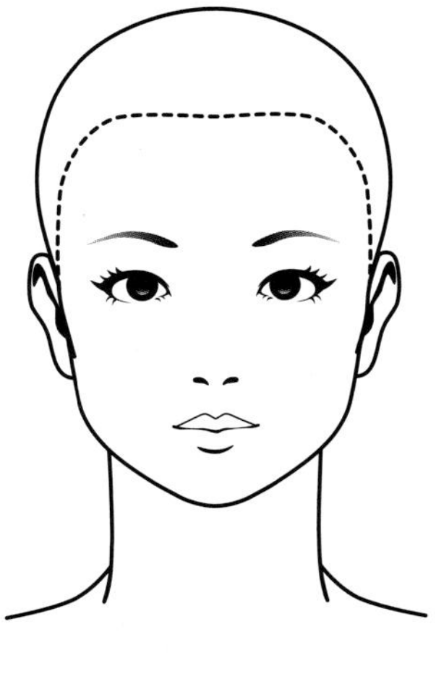

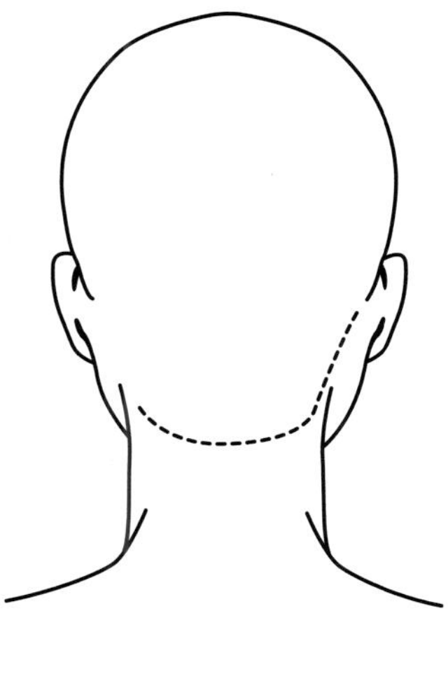

미디움 헤어 작품 4

- 원랭스의 아웃 라인을 표현하고 턱선을 기준으로 층을 주어서 볼륨을 표현한 스타일
- 목, 두상, 얼굴선을 보완 연출할 수 있다.

도해도

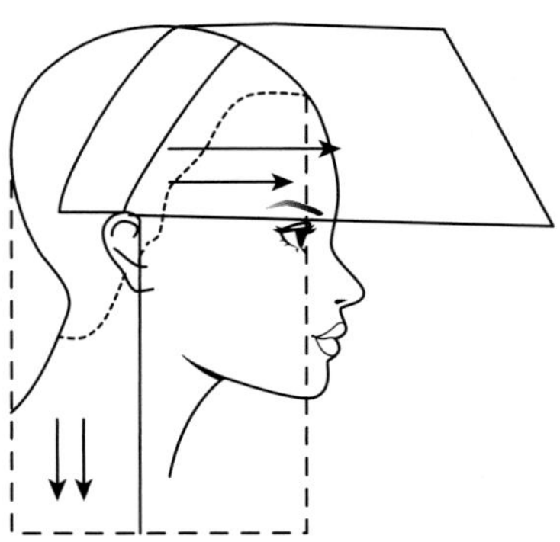

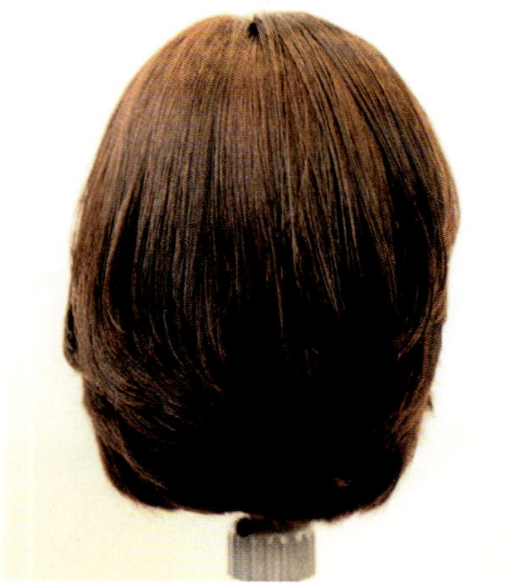
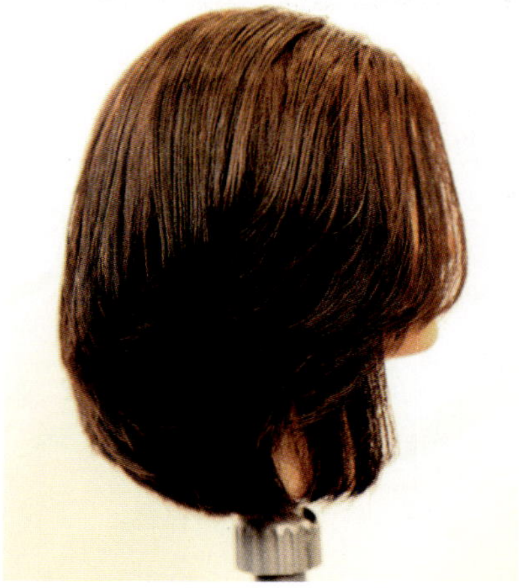

노파팅 on 혼합형

① C • P에서 N • P까지 이등분으로 나눈다.
② 옥시비탈존에서 귀 뒤의 중간까지 사선 섹션한다.(콘케이브)
③ 머리를 전체적으로 뒤로 빗어 넘긴 다음 약 2cm 정도 이어 투 이어로 연결하여 섹션한다.
④ 프런트 머리를 앞으로 당겨 빗은 다음 가이드를 정하여 커트한다.
⑤ 페이스라인 머리를 프런트 머리에 맞추어 커트한다.
⑥ T • P을 약간 지날 때까지 앞으로 당겨 커트하고 T • P을 가이드로 B • P까지 연결하여 커트한다.
⑦ 두상각도에 따라서 앞으로 진행하면서 커트한다.
⑧ 2cm씩 연결하여 오른쪽을 다 커트한 다음 왼쪽도 오른쪽과 섹션의 기울기에 따라 같게 한다.
⑨ 왼쪽도 이미 커트해 놓은 앞쪽과 탑머리를 연결하여 커트한다.

C · P에서 B · P까지 2등분한 후 B · P에서 콘케이브 섹션한다.

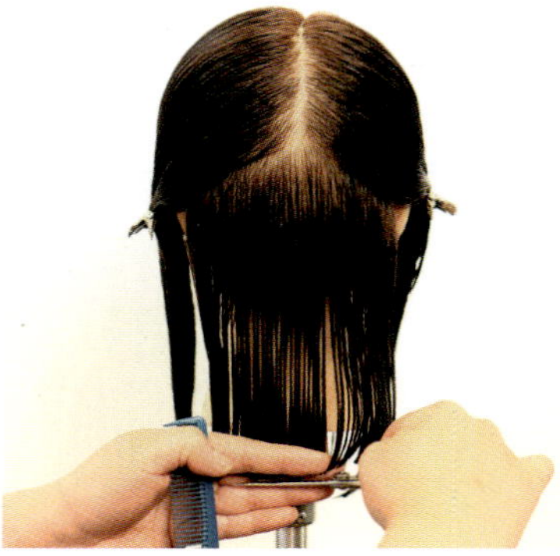

콘케이브 섹션에서 가이드를 먼저 정한다.

약 2cm씩 올려 가이드에 맞추어 커트한다.

가이드를 전체적으로 먼저 정한다.

앞머리 가이드를 먼저 설정한다.

앞머리 가이드에 맞추어 2cm 정도 섹션을 이어 투 이어 섹션한다.

약 2cm 정도씩 섹션하여 이어 투 이어 포인트까지 진행하여 앞으로 잡아당겨 커트한다.

오른쪽도 왼쪽에 맞추어 진행한다.

커트된 사이드 가이드에 맞추어 뒤쪽으로 피봇섹션으로 진행한다.

피봇섹션으로 백으로 진행하여 커트한다.

오른쪽 사이드의 커트 선까지 진행한다.

뒤쪽으로 약간 사이트 베이스로 진행한다.

피봇섹션으로 이미 커트된 앞머리를 가이드로 하여 커트한다.

앞쪽 머리를 가이드하여 체크 커트한다.

앞머리도 체크한다.

앞머리까지 체크한다.

완성 1

완성 2

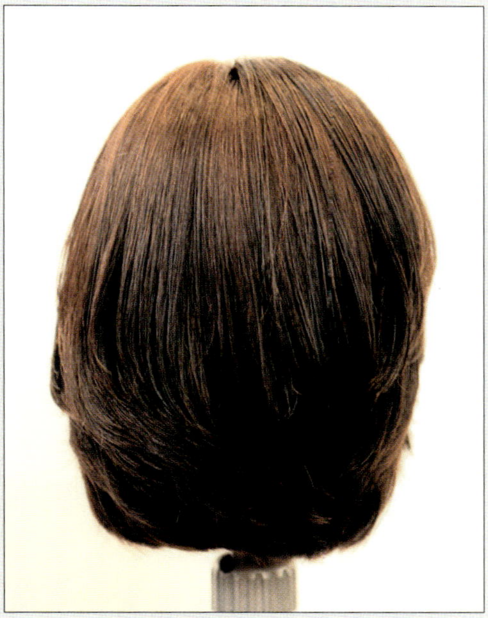

완성 3

MEMO

도해도 그리기

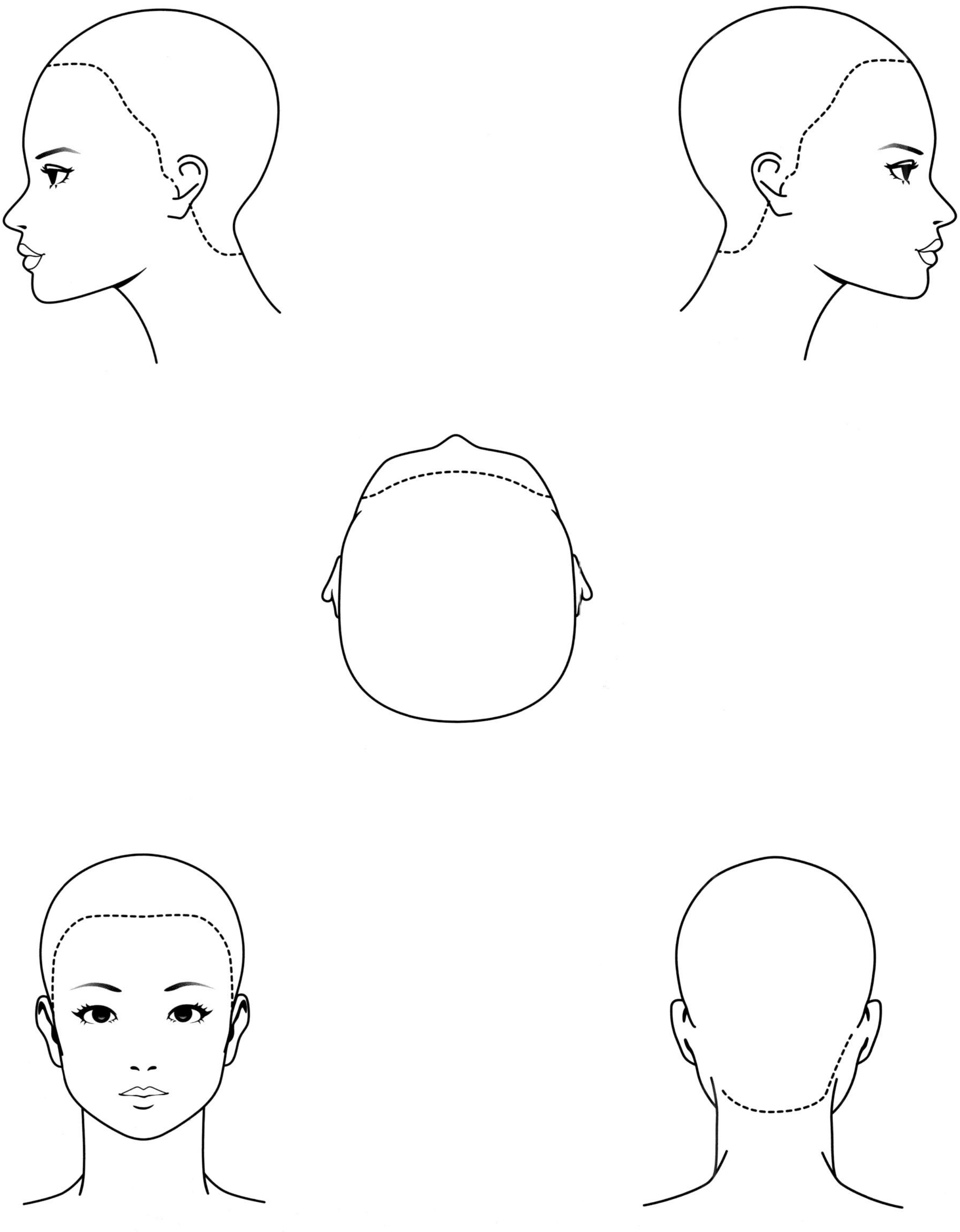

도해도 그리기

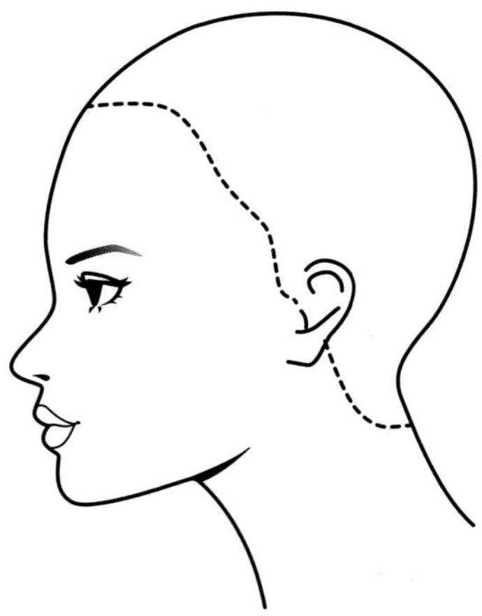

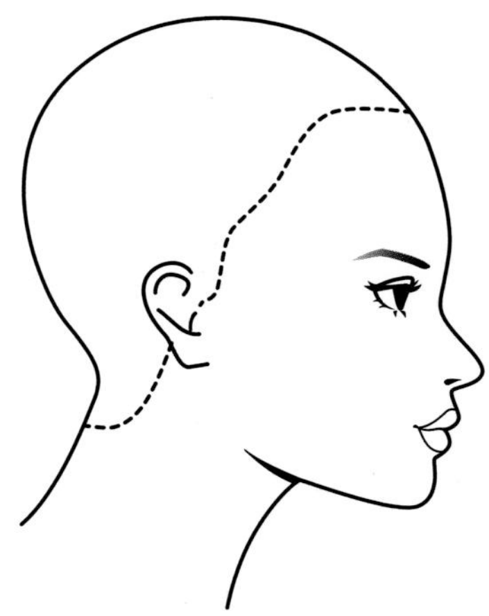

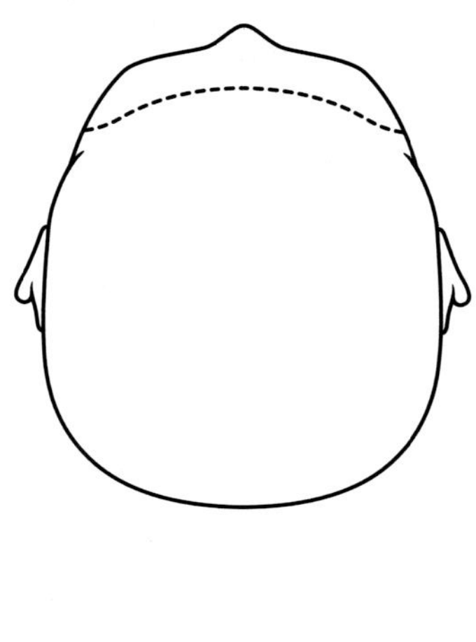

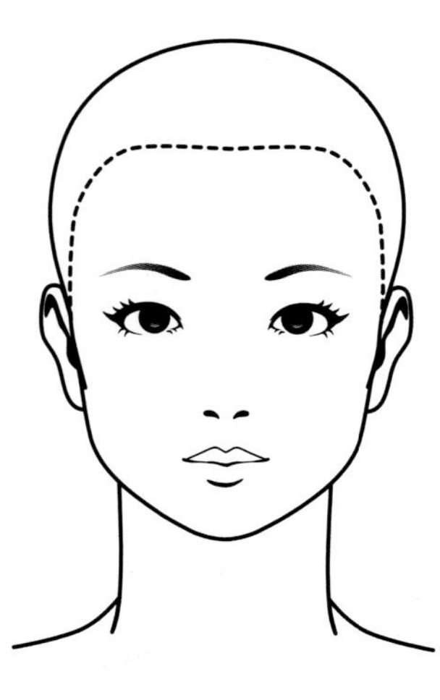

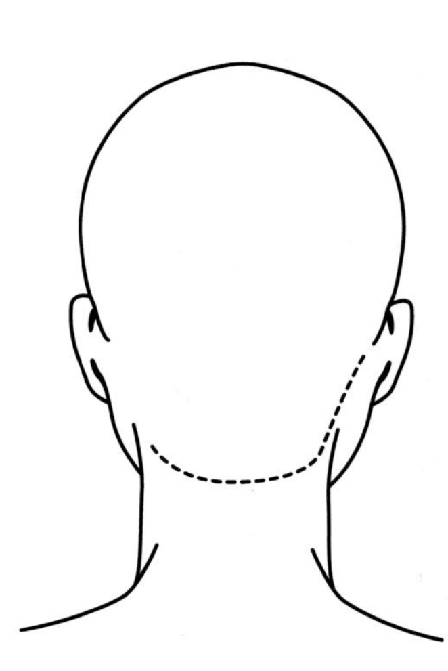

도해도 그리기

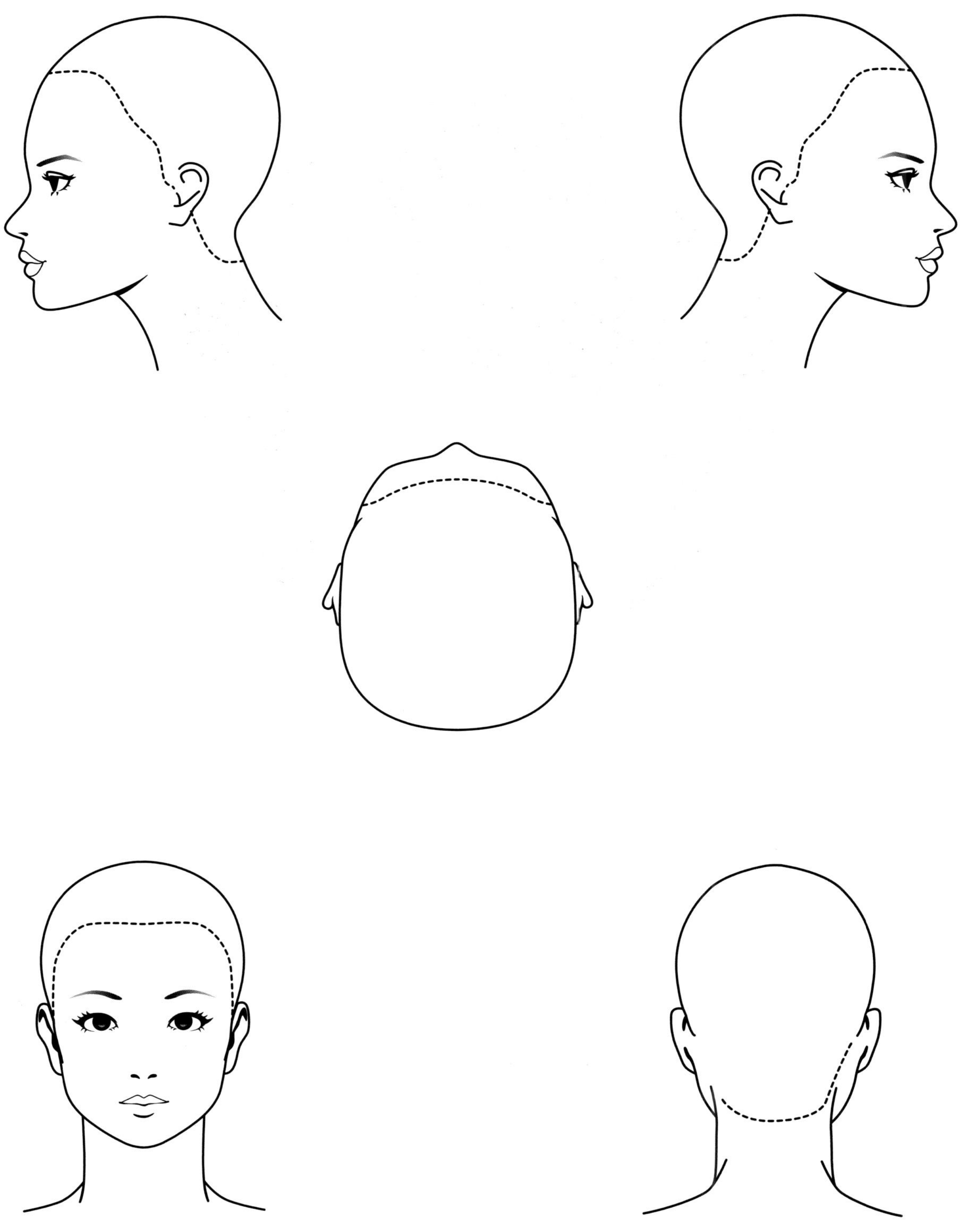

미디움 헤어 작품 5

- 얼굴선을 가장 잘 표현할 수 있는 스타일이다.
- 시크한 느낌과 깔끔한 여성을 연출할수 있다.

도 해 도

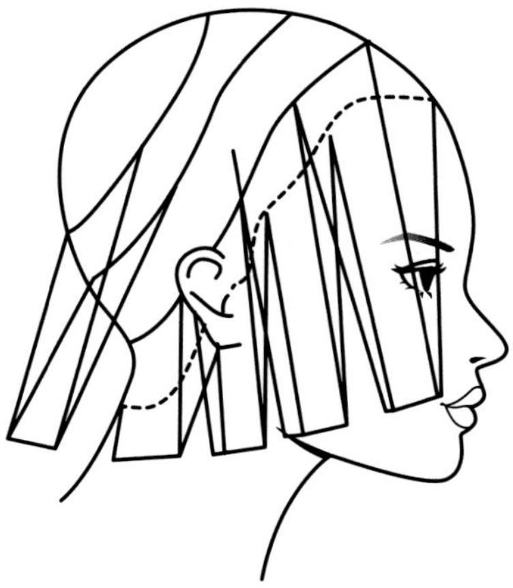

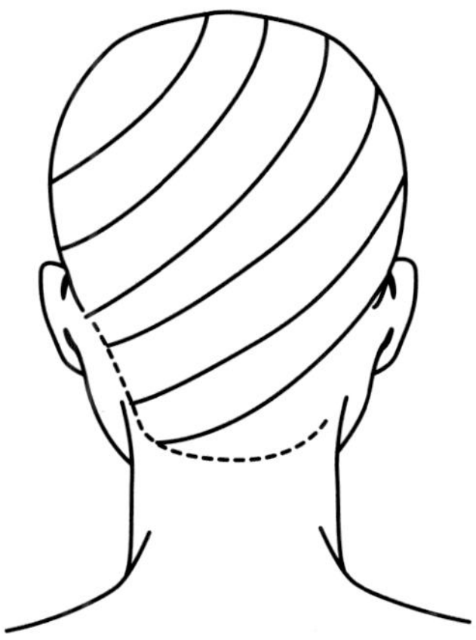

3 노파팅 on 그레쥬에이션

① 센터파트에서 오른쪽으로 약 2cm N • P까지 후대각 섹션한다.

② 오른쪽 프런트 머리를 앞쪽으로 당겨 가이드를 정한다.

③ 네이프까지 연결하여 가이드를 정하고 이때 형태선은 자연분배 자연시술각으로 자연스럽게 떨어진 상태로 한다.

④ 정해진 가이드에 맞추어 오른쪽 백으로 이동하면서 커트한다.

⑤ 반복하여 B • P까지 간다. (섹션의 기울기로 진행)

⑥ 백 부분은 왼쪽 커트를 위하여 반대편까지 가이드를 정한다.

⑦ 오른쪽과 대칭되게 후대각으로 섹션한다.

⑧ 프런트의 앞머리를 가이드에 맞추어 자연시술각으로 가이드를 정한다.

⑨ 백 부분은 양쪽의 대칭을 확인하면서 커트한다.

센터파트에서 오른쪽으로 약 2cm N · P까지 섹션한다.

오른쪽 페이스라인 머리를 앞쪽으로 당겨 가이드를 정한다.

정해진 가이드에 맞추어 오른쪽으로 이동하면서 커트한다.

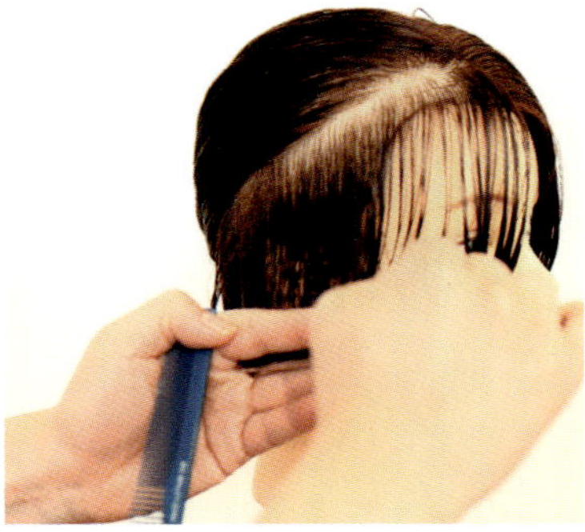

네이프까지 연결하여 가이드를 정하고 이때 형태선은 자연분배 자연시술각으로 한다.

자연시술각으로 자연스럽게 떨어진 상태로 커트한다.

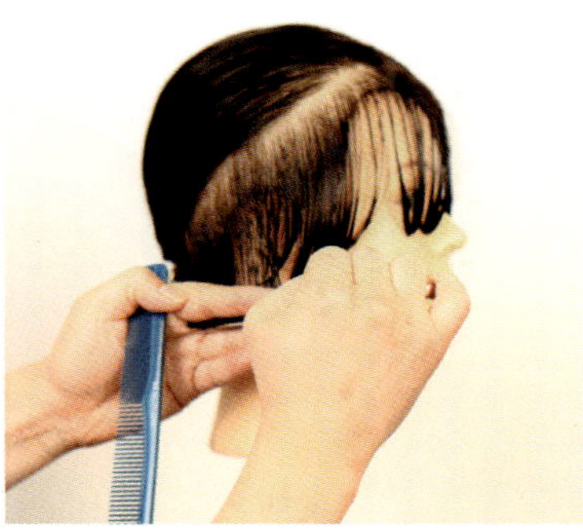

N · P까지 가이드를 연결하여 진행한다.

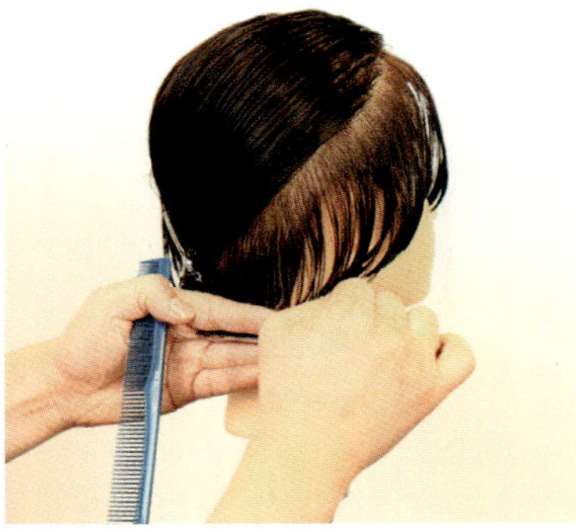

N · P를 약간 지나서까지 연결하여 진행한다.

두 번째 섹션도 같은 방법으로 N · P까지 섹션한다.

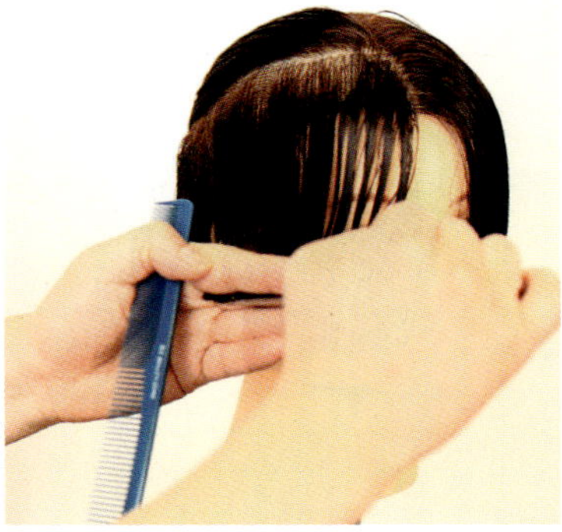

먼저 커트된 가이드에 맞추어 커트한다.

두 번째 섹션도 가이드에 맞추어 진행한다.

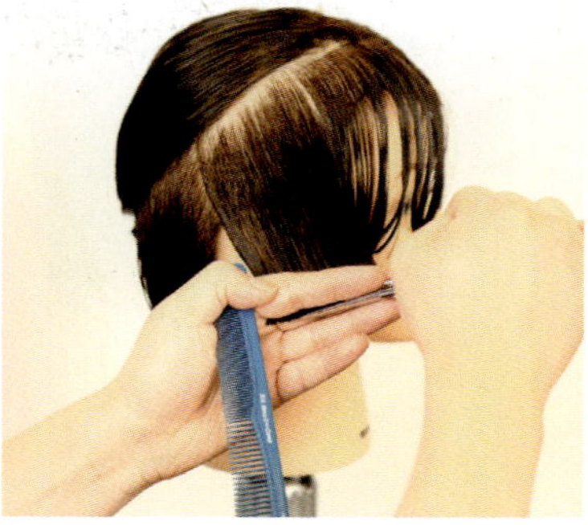
자연시술각으로 섹션에 따라 진행한다.

섹션에 따라 백으로 진행한다.

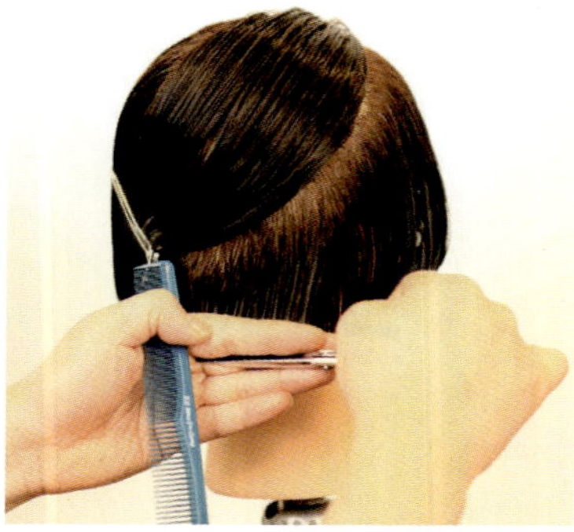
N · P를 지나는 선까지 커트한다.

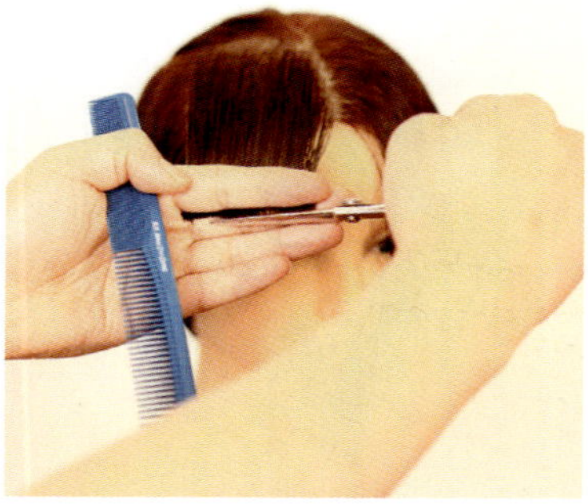
두상의 형태에 따라 곡선 섹션하여 진행한다.

가이드에 따라 약 2cm씩 진행한다.

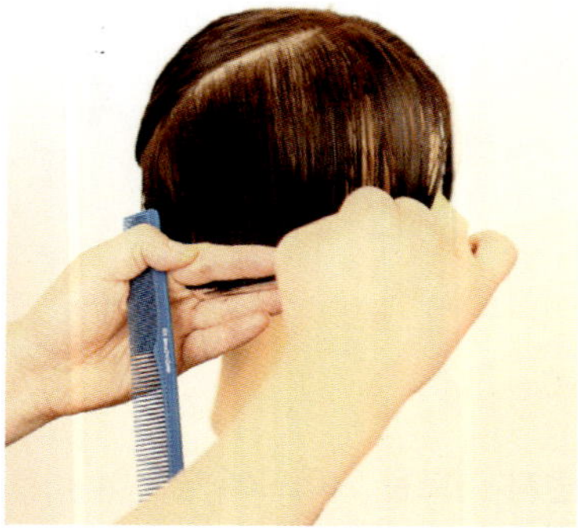
곡선으로 2cm씩 섹션하여 진행한다.

가이드에 맞추어 진행한다.

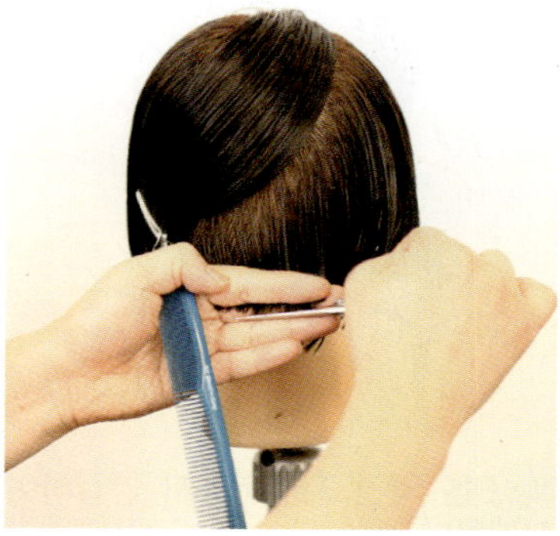
네이프를 지나는 선까지 커트한다.

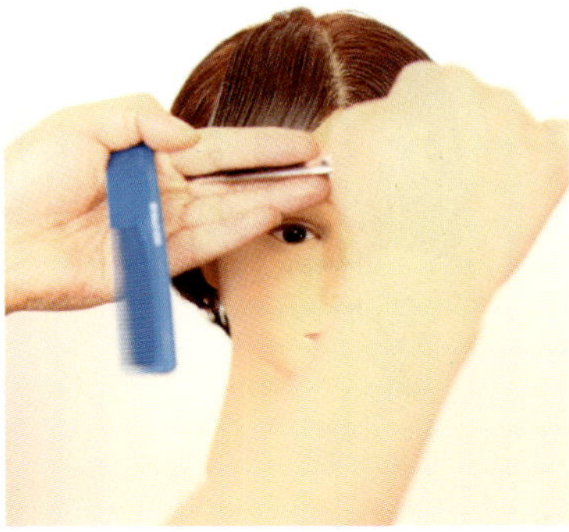

앞머리는 낮은 시술각으로 가이드에 맞춘다.

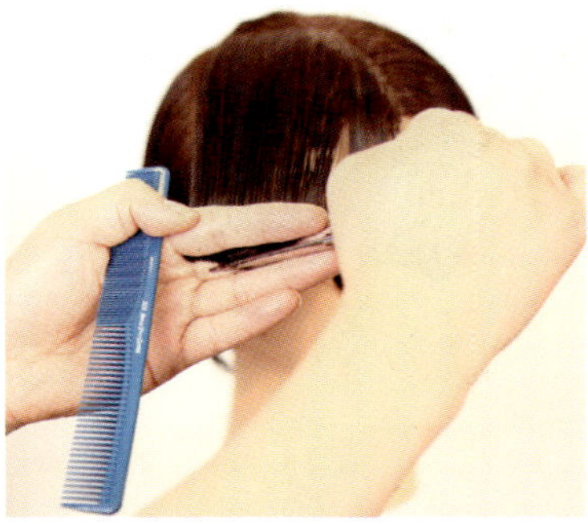

오른쪽 사이트로 이동하면서 진행한다.

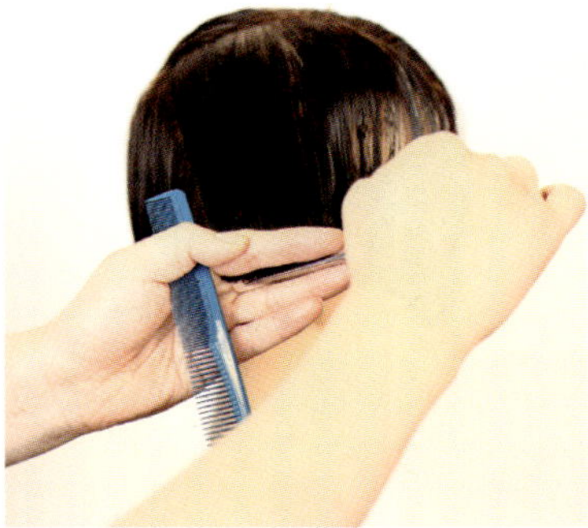

B · P로 진행한다.

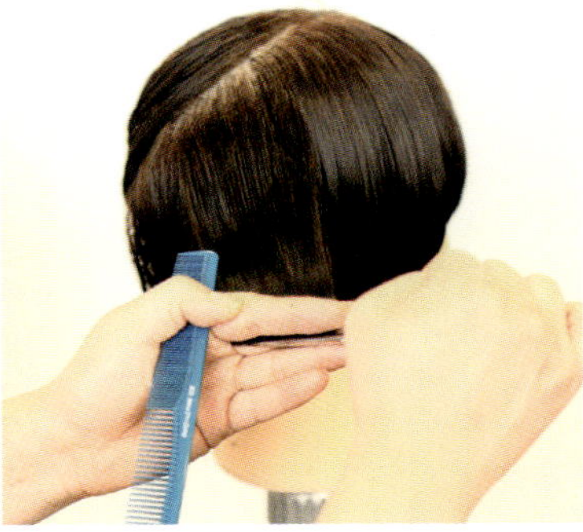

B · P를 지나는 선까지 두상에 따라 곡선으로 섹션하여 낮은 시술각으로 커트한다.

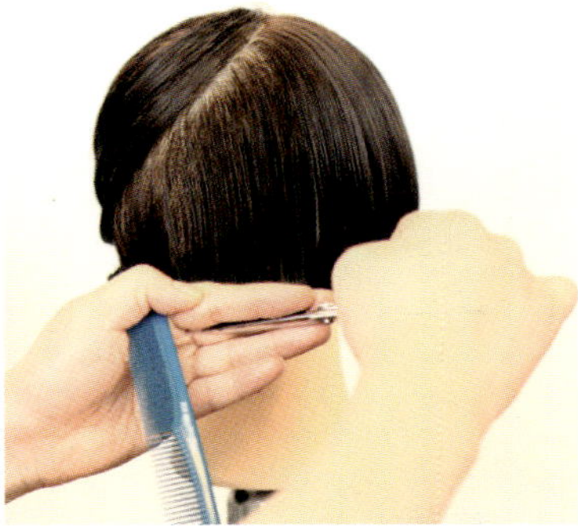

섹션에 따른 시술각을 유지한다.

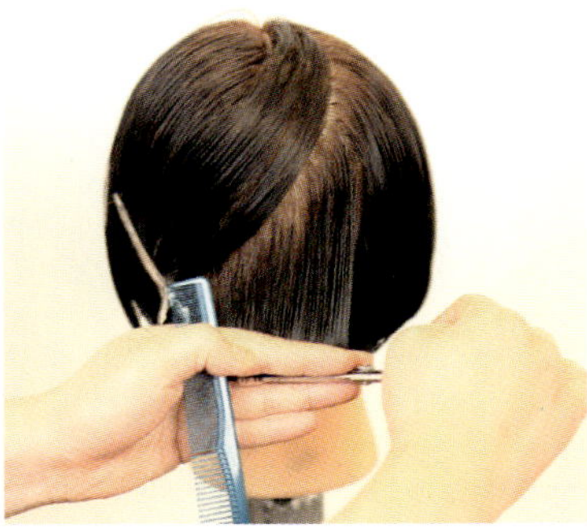

백 부분은 왼쪽 커트를 위하여 반대편까지 가이드를 정한다.

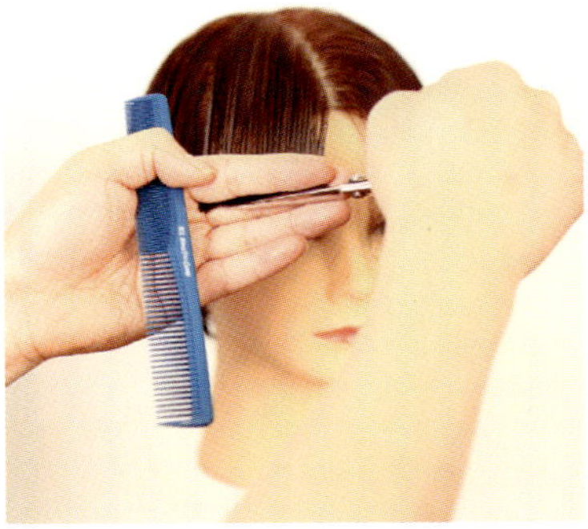

남은 머리를 모두 내려 낮은 시술각으로 커트한다.

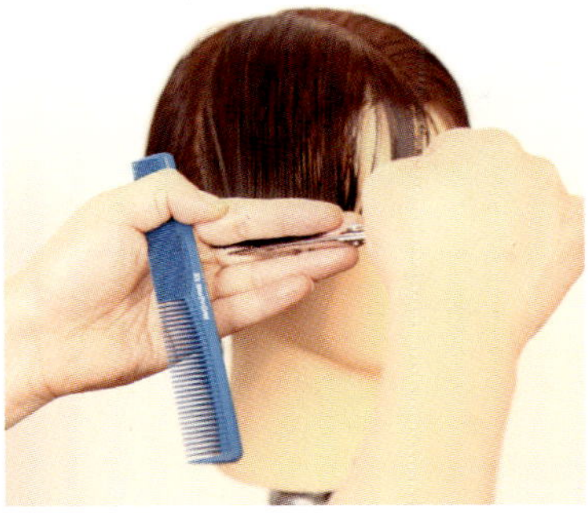

백으로 계속하여 진행한다.

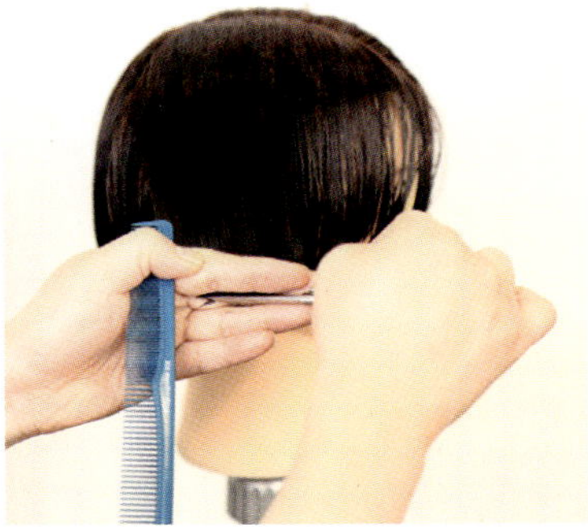

남은 섹션은 다 내려 가이드에 맞추어 커트한다.

백으로 진행한다.

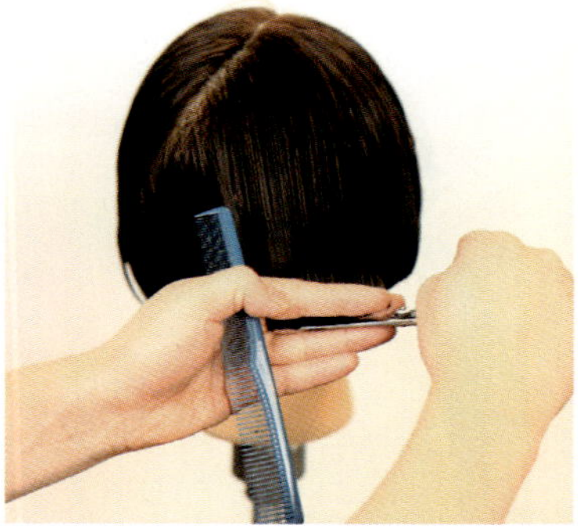

백 부분은 약간 왼쪽까지 넘어와서 진행한다.

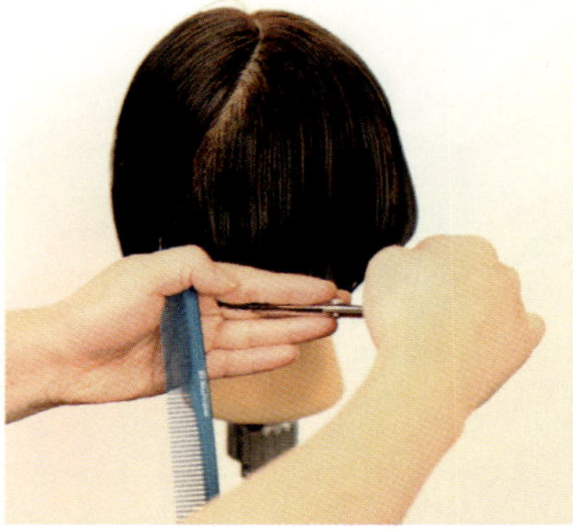

왼쪽도 오른쪽과 같은 섹션으로 진행한다. 네이프의 형태선 가이드는 드라이 커트로 라인을 맞춘다.

완성 1

완성 2

완성 3

MEMO

도해도 그리기

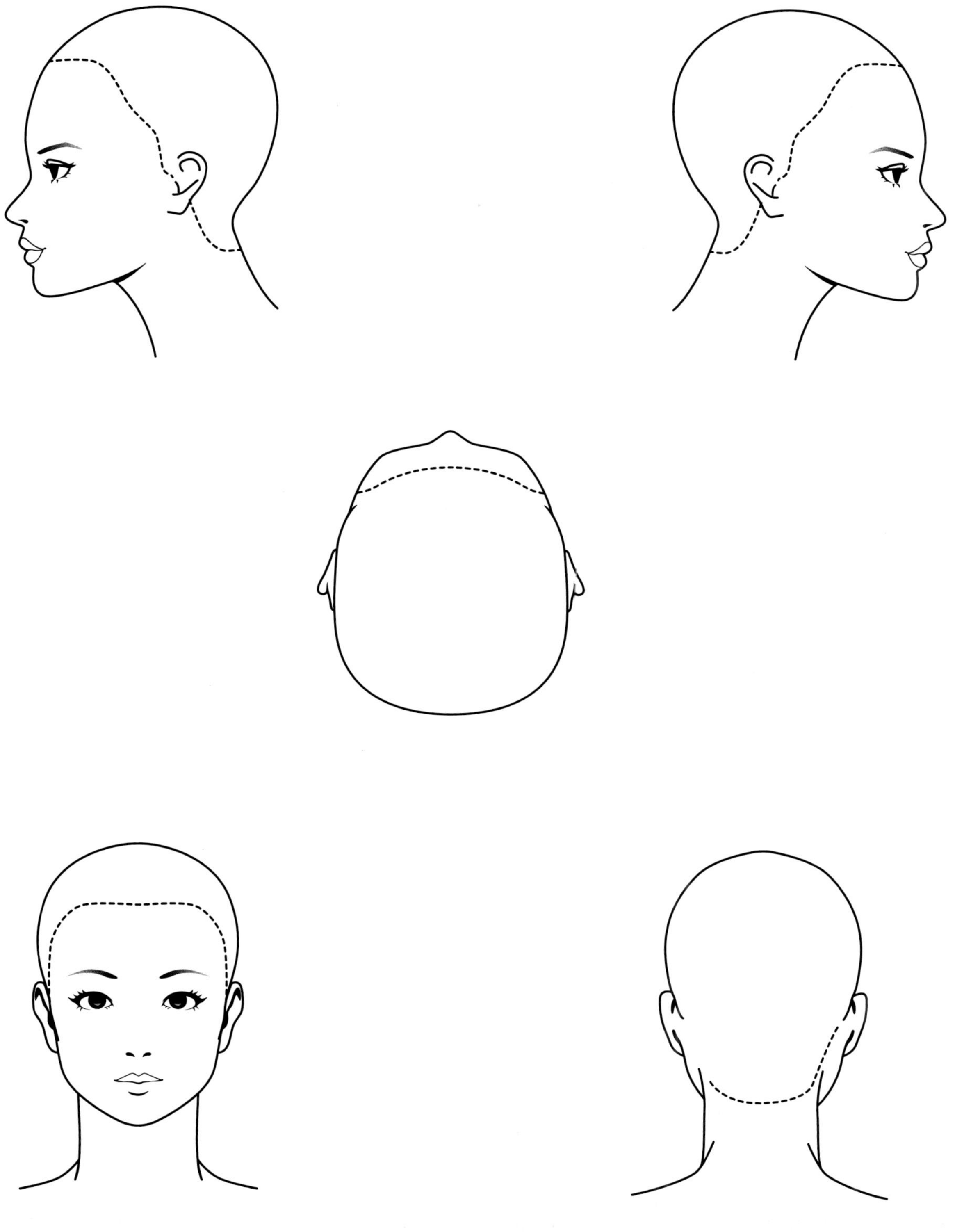

도해도 그리기

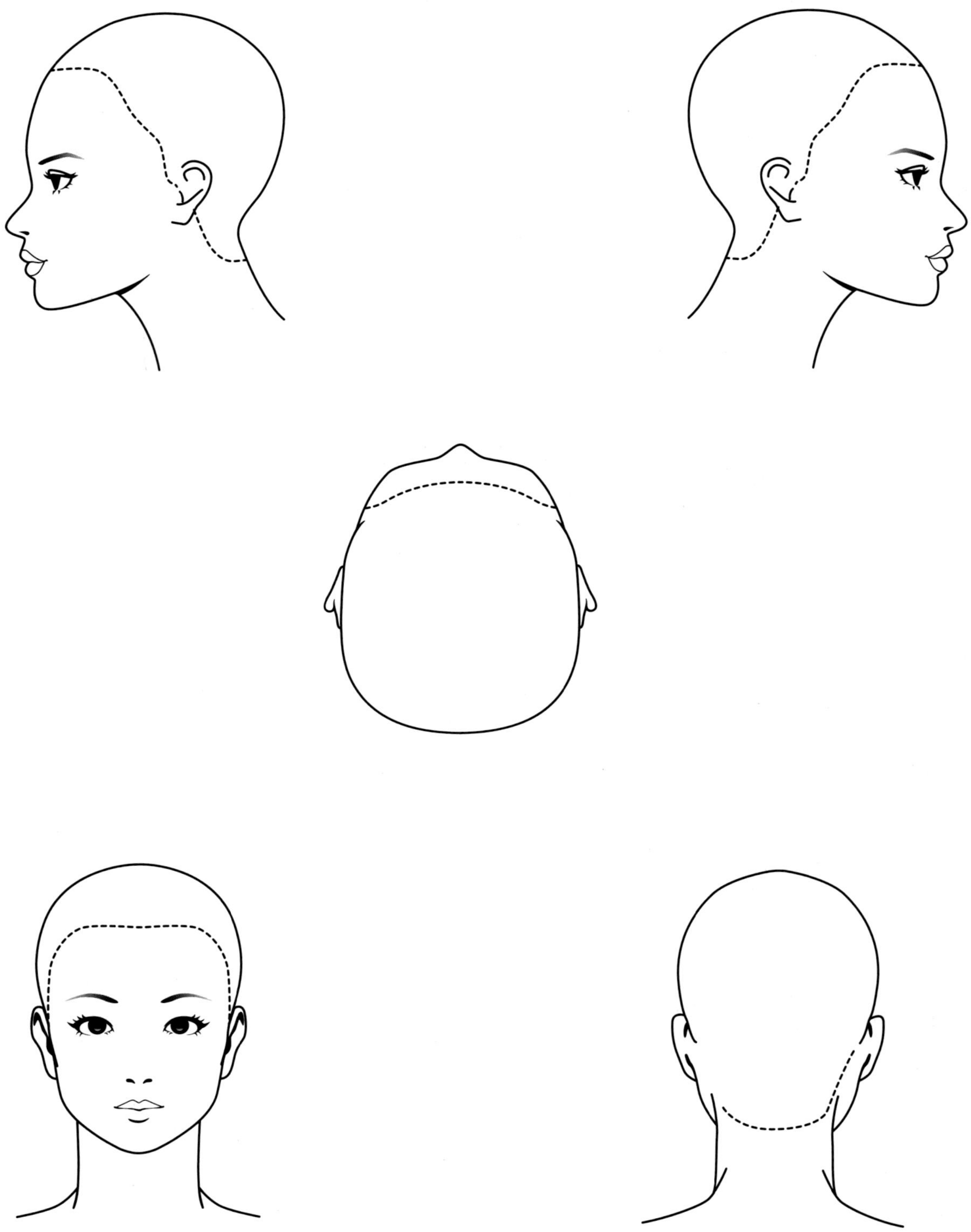

도해도 그리기

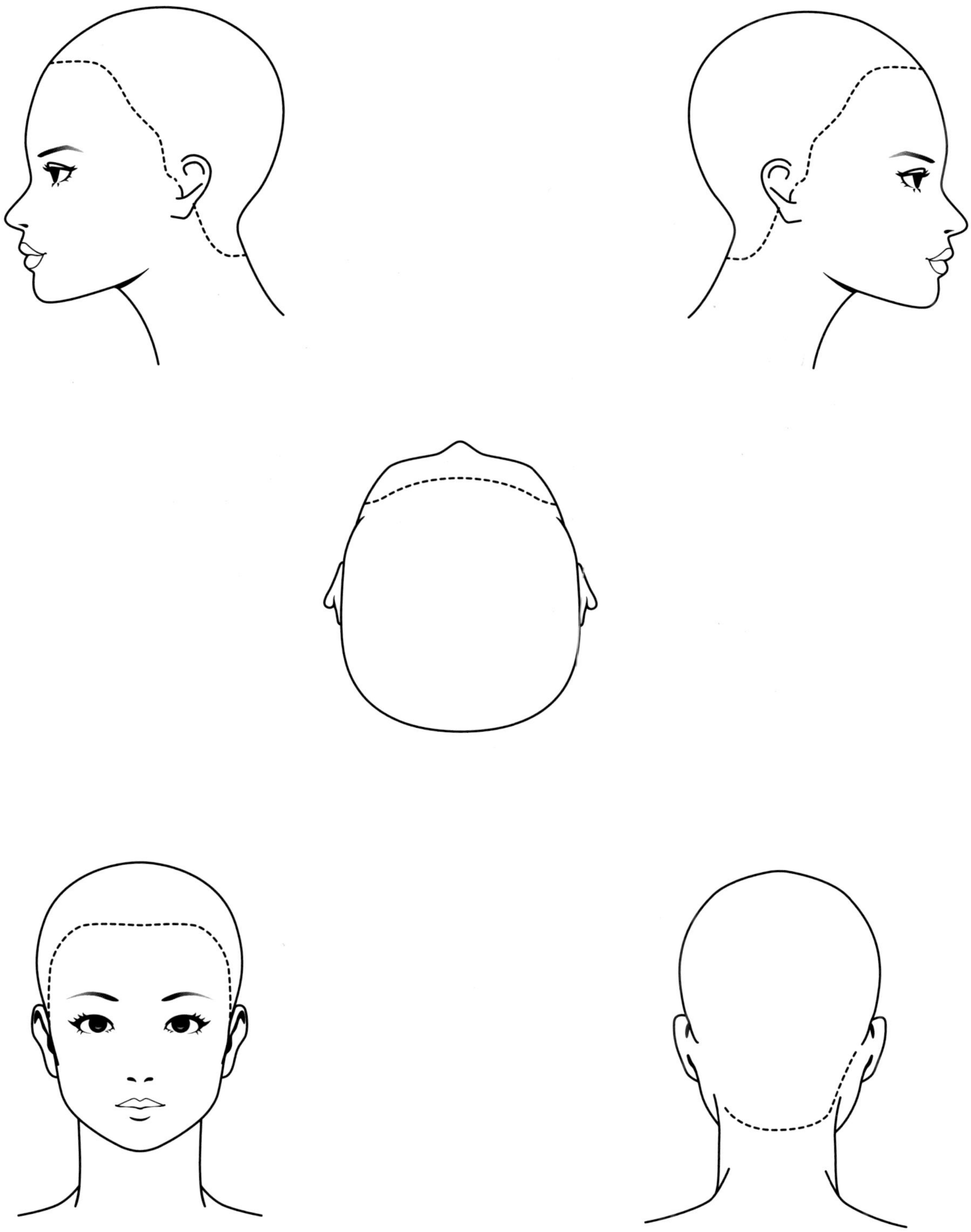

미디움 헤어 작품 6

- 얼굴선을 가장 잘 표현할 수 있는 스타일.
- 세련되고, 도시적인 느낌을 연출할 수 있다.

도해도

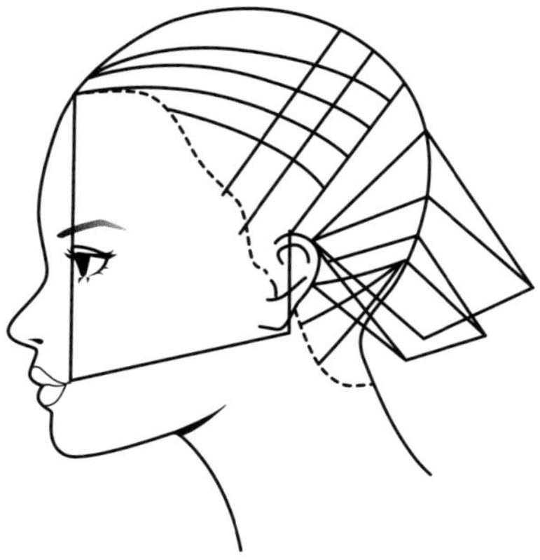

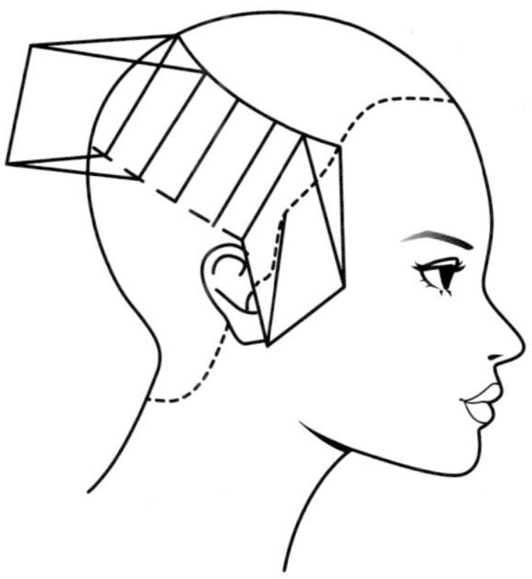

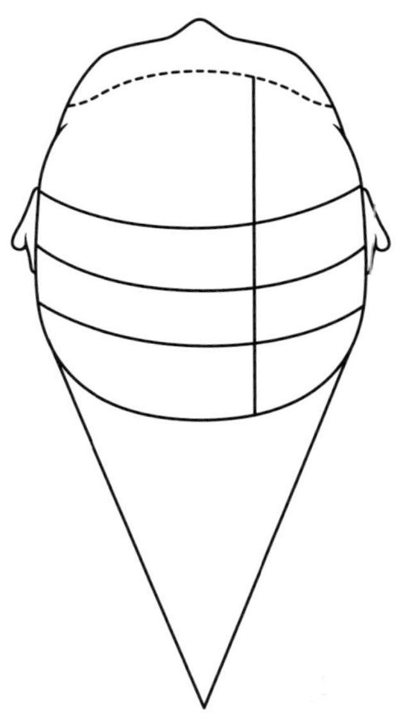

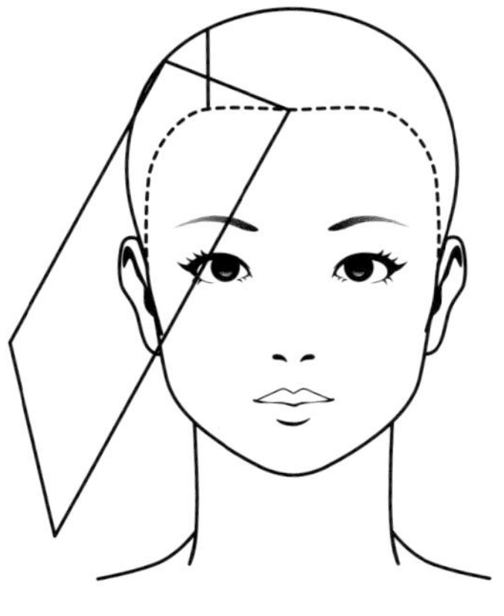

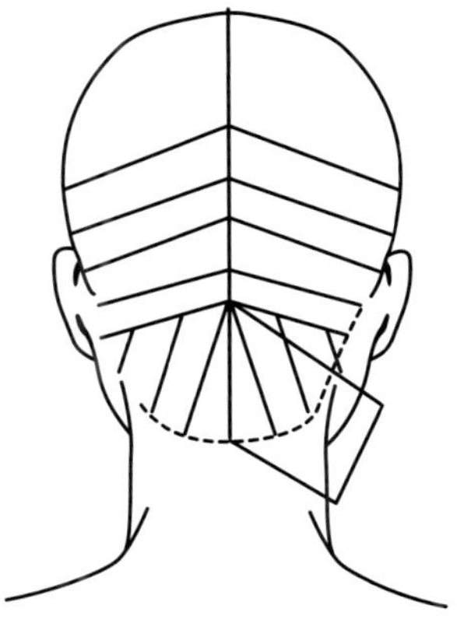

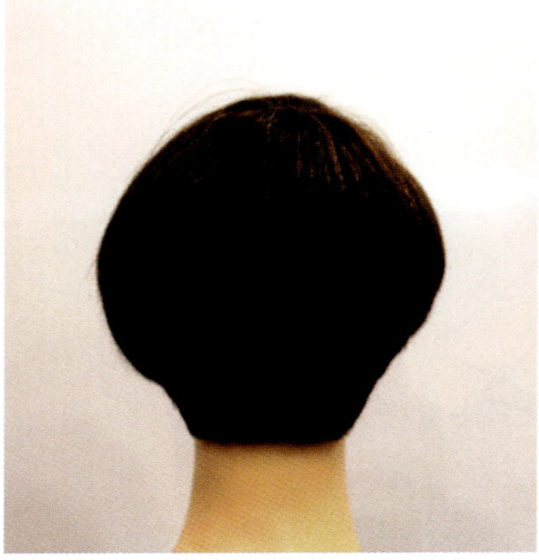

3 네이프의 세임레이어 on 그레쥬에이션의 디스커넥션

① 센터파트로 N • P까지 연결하여 섹션한다.

② 옥시비탈존에서 전대각 섹션으로 약 2cm를 90˚로 수평 커트한다.

③ 다음 섹션은 각도를 약 60˚ 정도로 낮추어 수평 커트한다.

④ B • P를 지나면서 45˚로 유지하면서 수평 커트한다.

⑤ 오른쪽 사이드는 백 가이드에 맞추어 수직섹션으로 온베이스를 유지하면서 커트한다.

⑥ 앞 프런트는 파이섹션으로 사이드와 상관없이 디스커넥션으로 가이드를 정한다 .

⑦ P • P점을 기준으로 파이 섹션하여 수직으로 체크한다.

⑧ 앞 머리와 양쪽사이드가 디스커넥션이 되도록 한다.

센터파트로 N • P까지 연결하여 섹션한다.

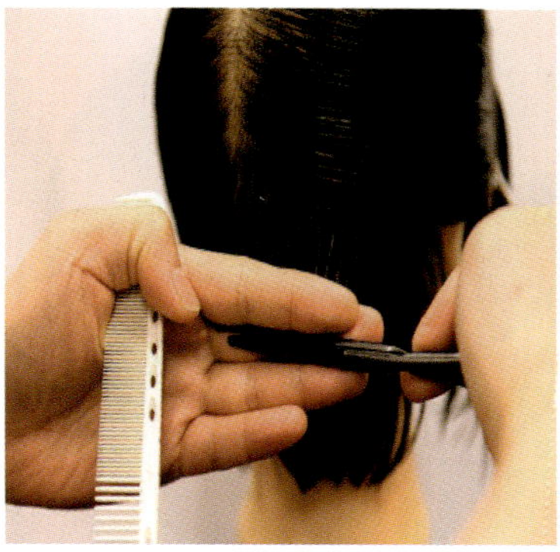

옥시비탈존에서 전대각 섹션으로 약 2cm를 90˚로 수평 커트한다.

두상곡면의 90˚시술각을 유지하면서 수평 커트한다.

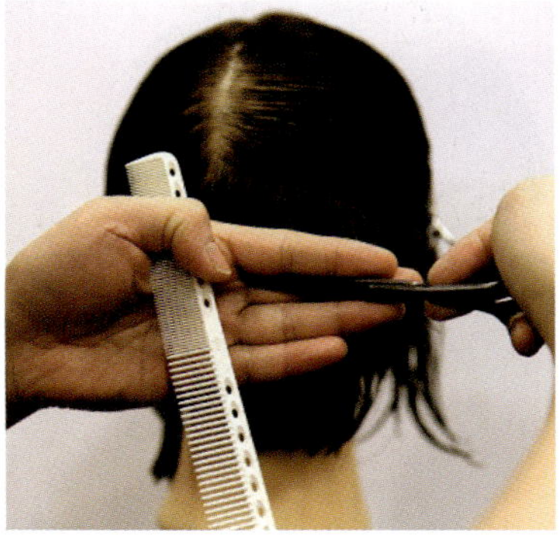

다음 섹션은 각도를 약 60˚ 정도로 낮추어 수평 커트한다.

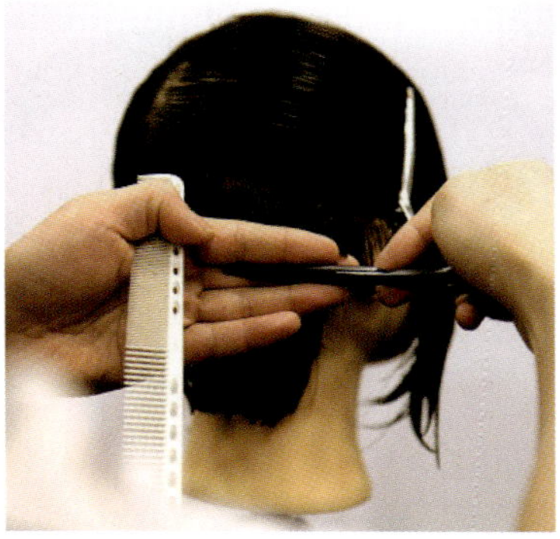

전대각 섹션을 유지한 채로 수평 커트 한 후 수직 체크한다.

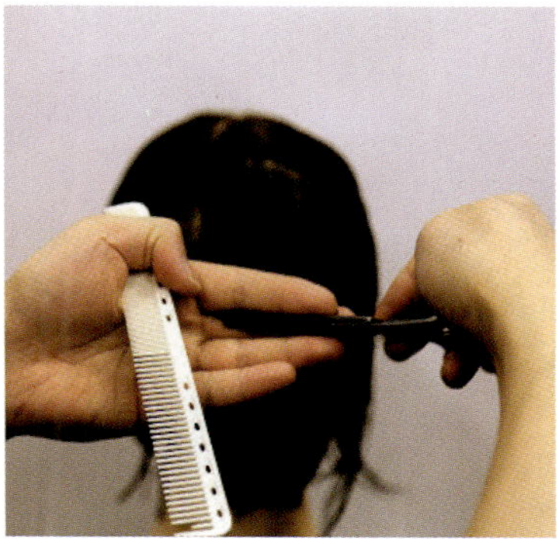

B • P를 지나면서 45˚로 유지하면서 수평 커트한다.

45˚로 유지하면서 수평 커트한다.

45˚로 유지하면서 수평 커트한다.

앞머리를 모두 당겨 백머리에 맞추어 커트한다.

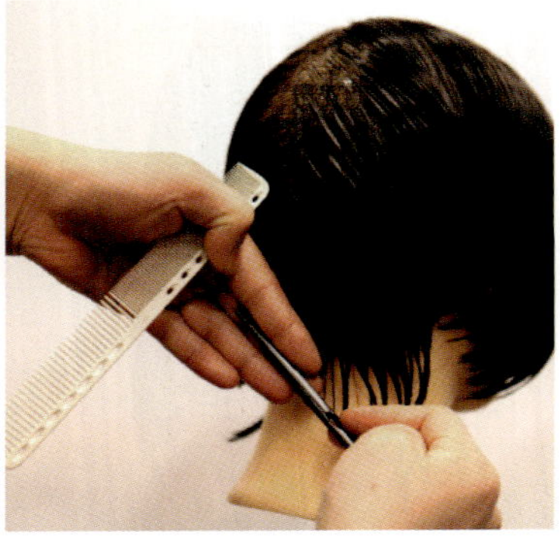

네이프의 머리를 두상각 90°로 세임 레이어로 수직 커트한다.

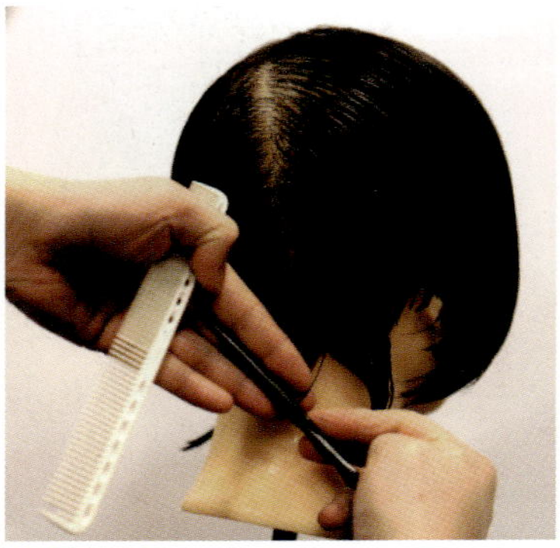

네이프는 사선으로 수직 커트한다.

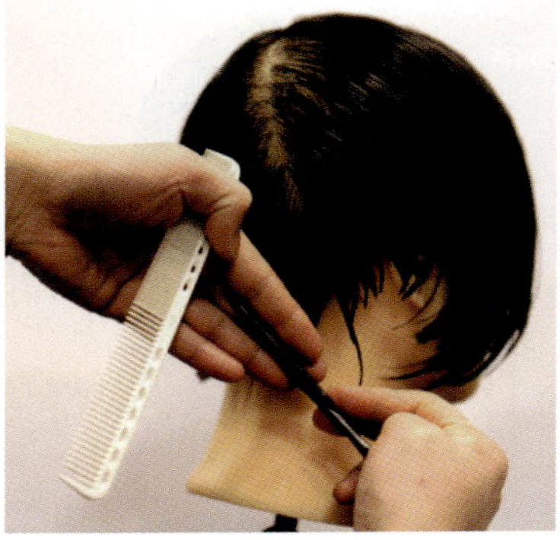

사선으로 수직 커트한다.

오른쪽 사이드는 백 가이드에 맞추어 커트한다.

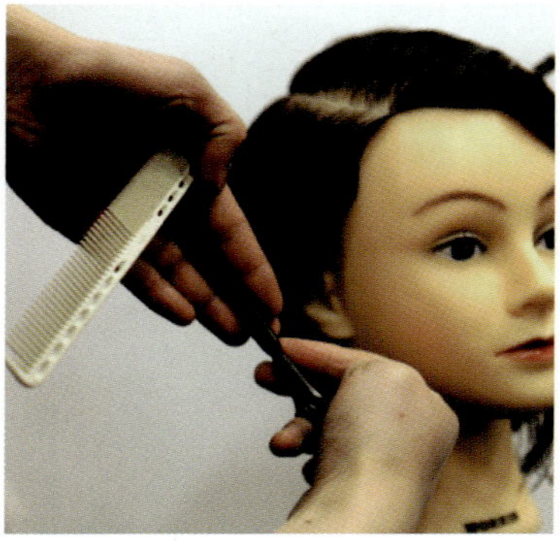

수직 섹션으로 온베이스를 유지하면서 커트한다.

사이드 코너는 가이드에 맞추어 정리한다.

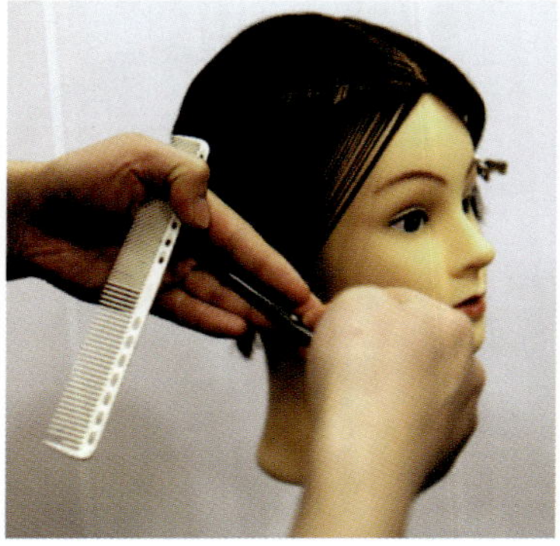

프런트는 파이섹션으로 사이드와 상관없이 디스커넥션으로 가이드를 정한다.

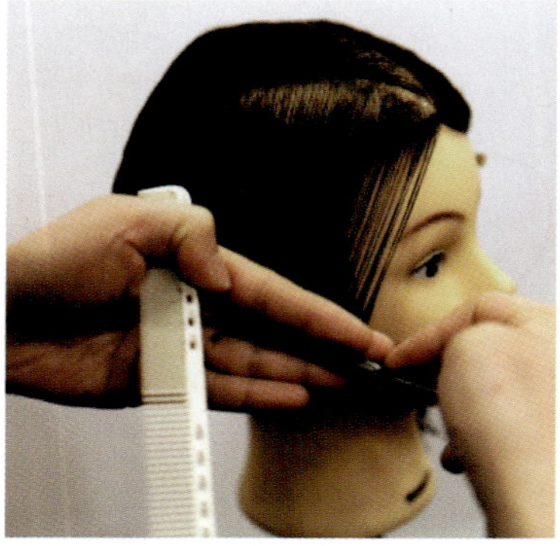

파이섹션으로 먼저 자른 가이드와 맞춘다.

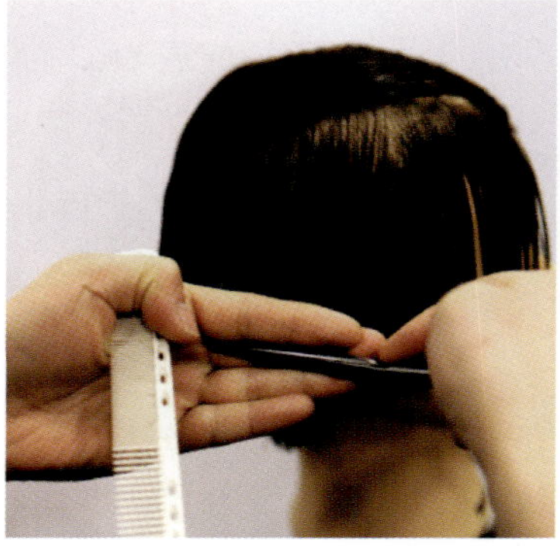

45°각을 유지하면서 수평 커트한다.

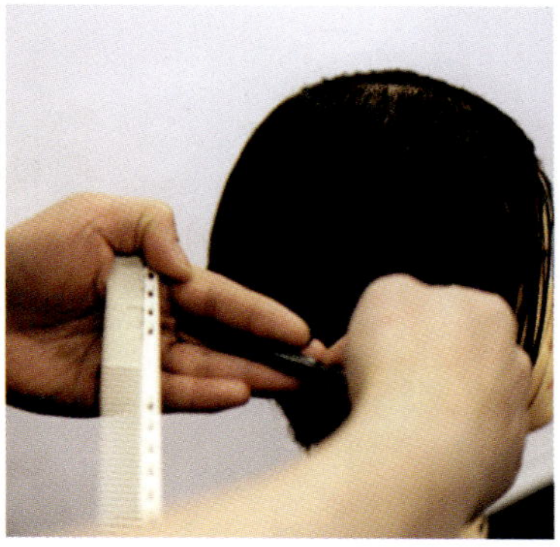

남음 머리를 모두 내겨 수평 커트한다.

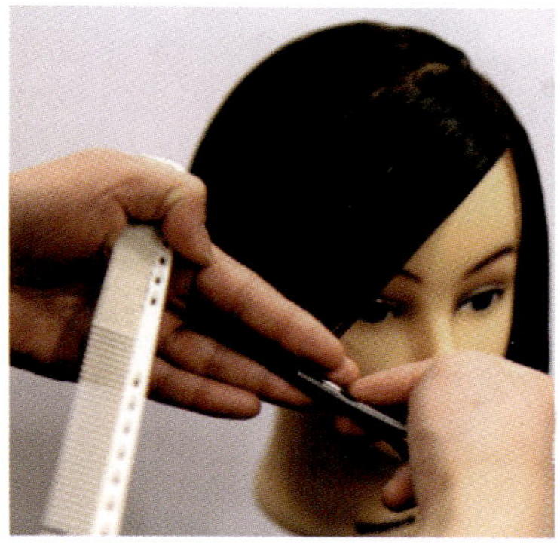

프런지 머리는 가이드에 맞추어 커트한다.

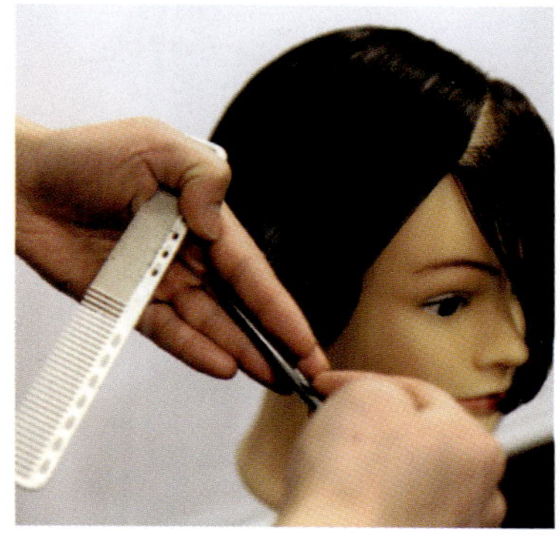

앞 프런트는 사이드와 상관없이 디스커넥션으로 가이드에 따라 커트한다.

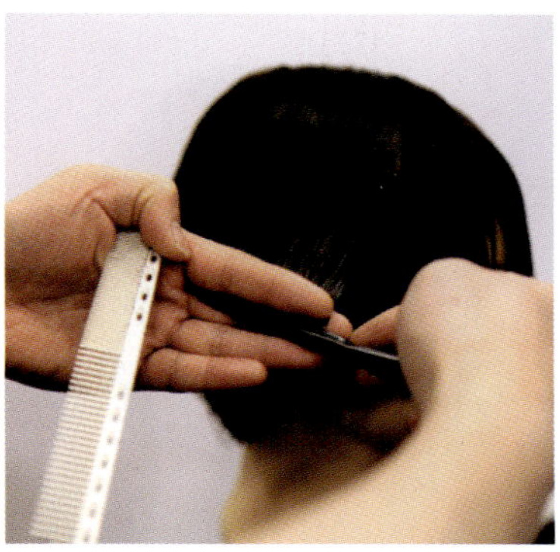

사이드와 백머리의 형태선을 확인한다.

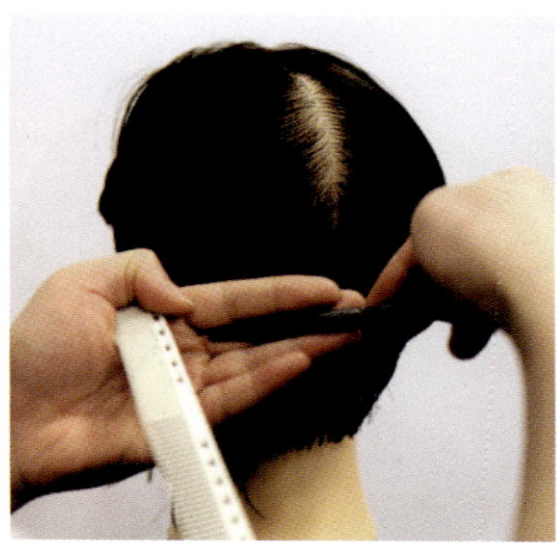

오른쪽 네이프와 같게 수평 커트한다.

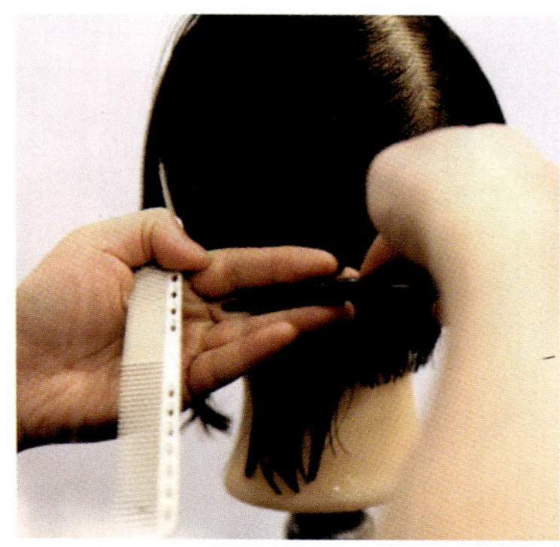

오른쪽 네이프와 같게 수평 커트한다.

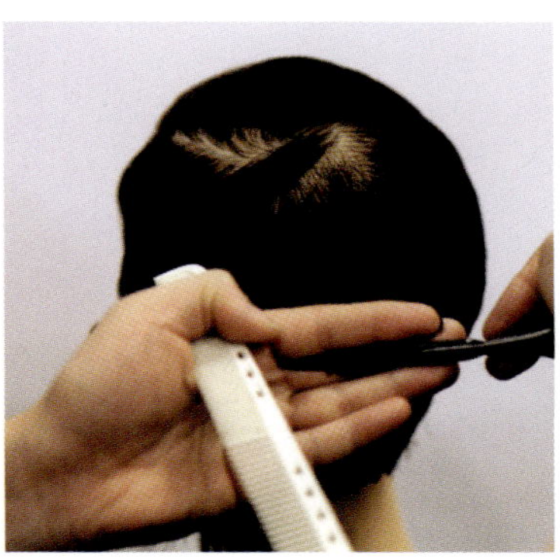

각도를 점점 낮추면서 오른쪽과 대칭되게 수평 커트한다.

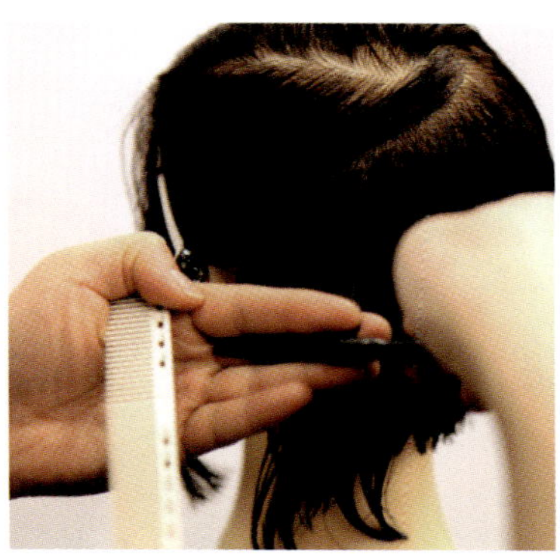

전대각 섹션으로 수평 커트한다.

45° 각을 유지하면서 수평 커트한다.

수평 커트한다.

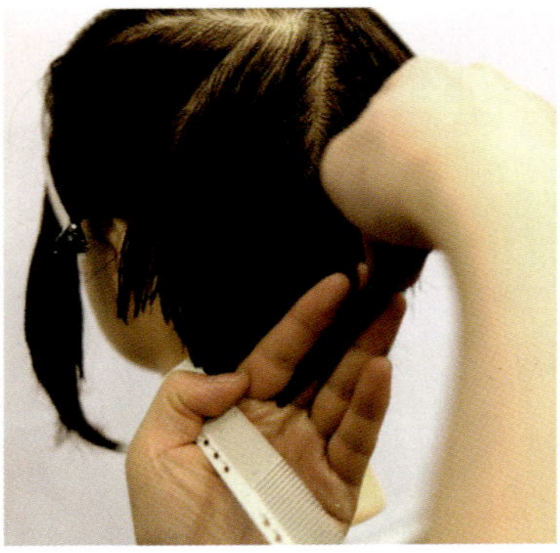

P • P점을 기준으로 파이 섹션하여 수직으로 체크한다.

사이드는 백 사이드에 맞추어 커트한다.

왼쪽 사이드도 백 사이드에 맞추어 커트한다.

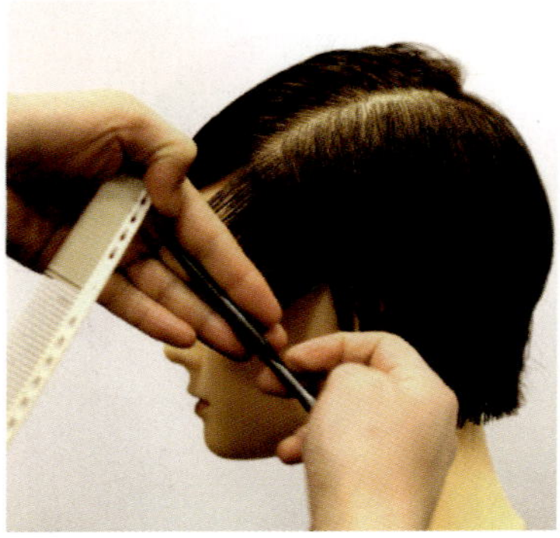

온 베이스로 수직 커트한다.

프런트 머리는 사이드와 디스커넥션으로 커트한다.

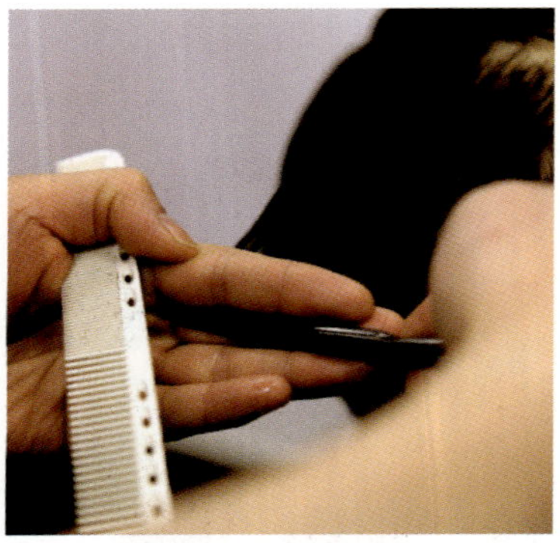

사이드의 형태선에 맞추어 커트한다.

완성 1

완성 2

완성 3

완성 4

MEMO

도해도 그리기

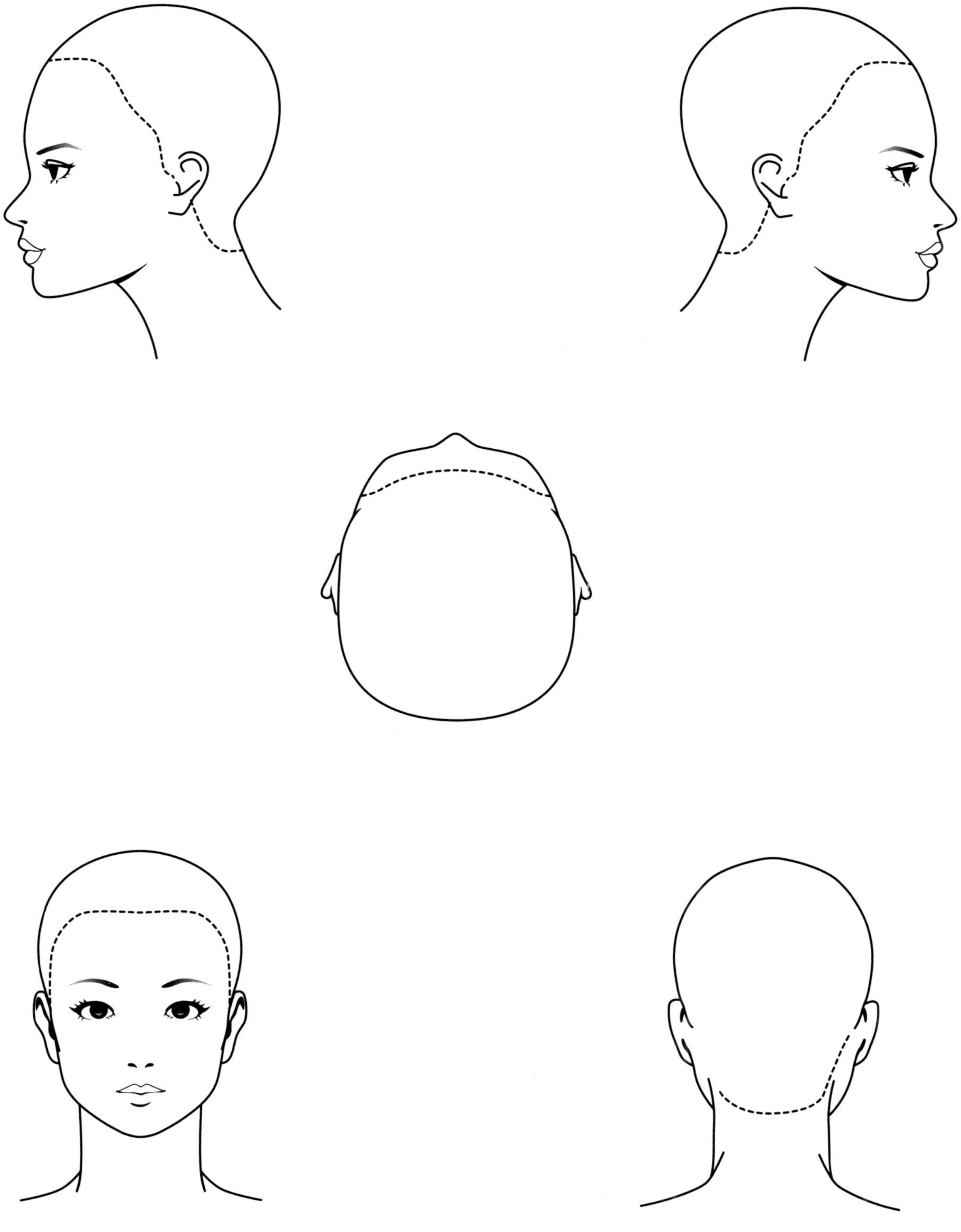

도해도 그리기

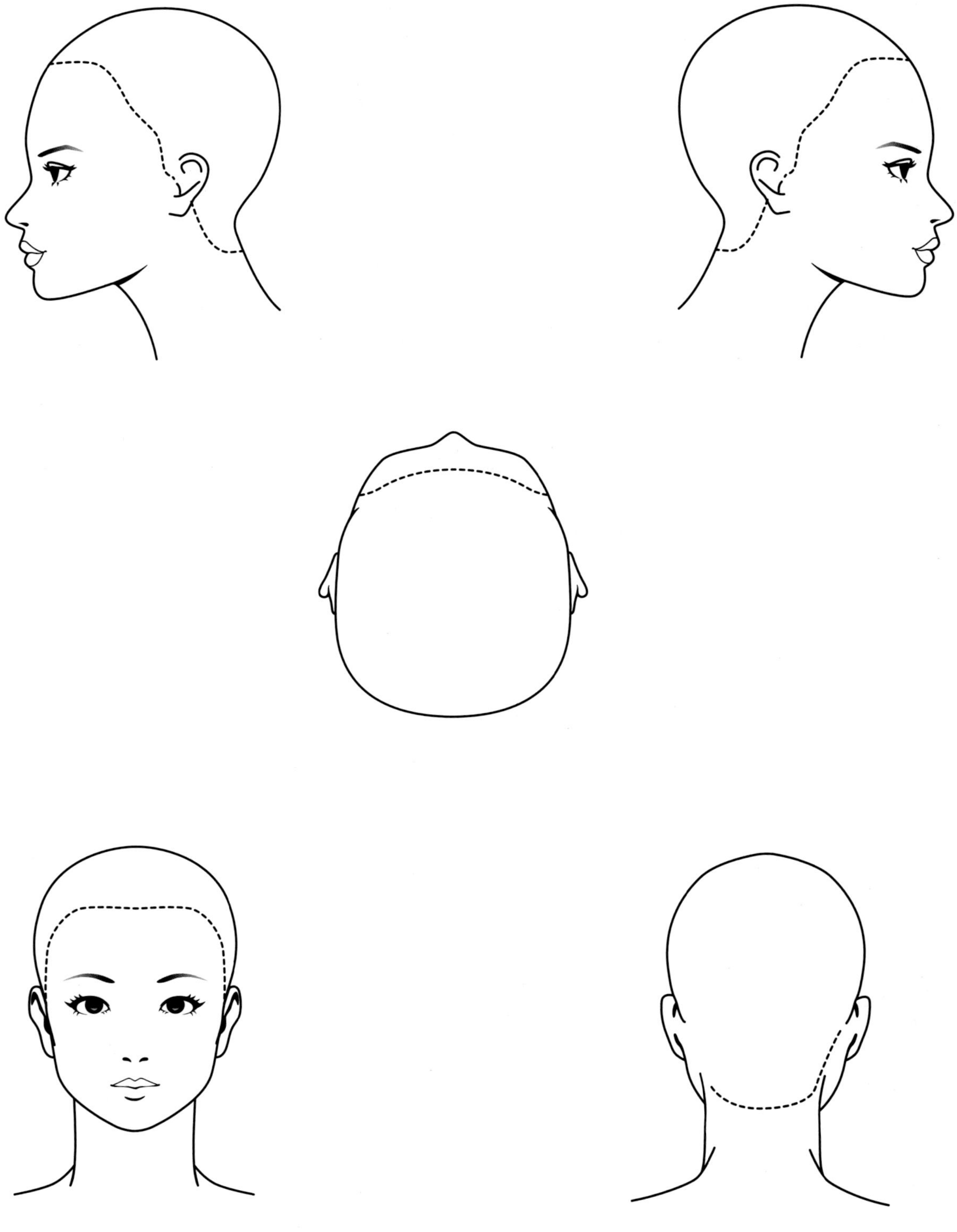

도해도 그리기

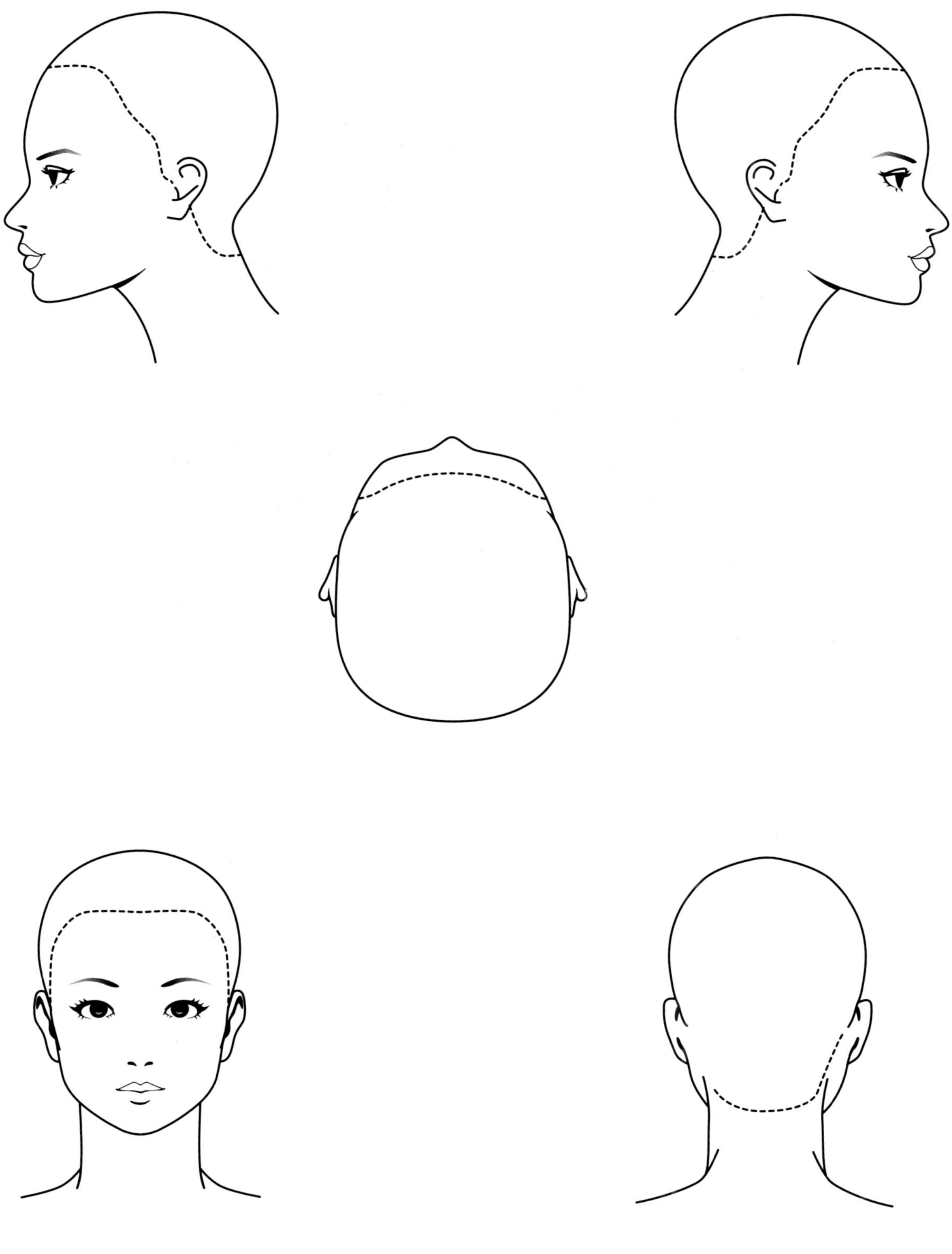

미디움 헤어 작품 7

- 헤어에 볼륨감을 표현한다.
- 발랄한 느낌을 연출할 수 있다.

도해도

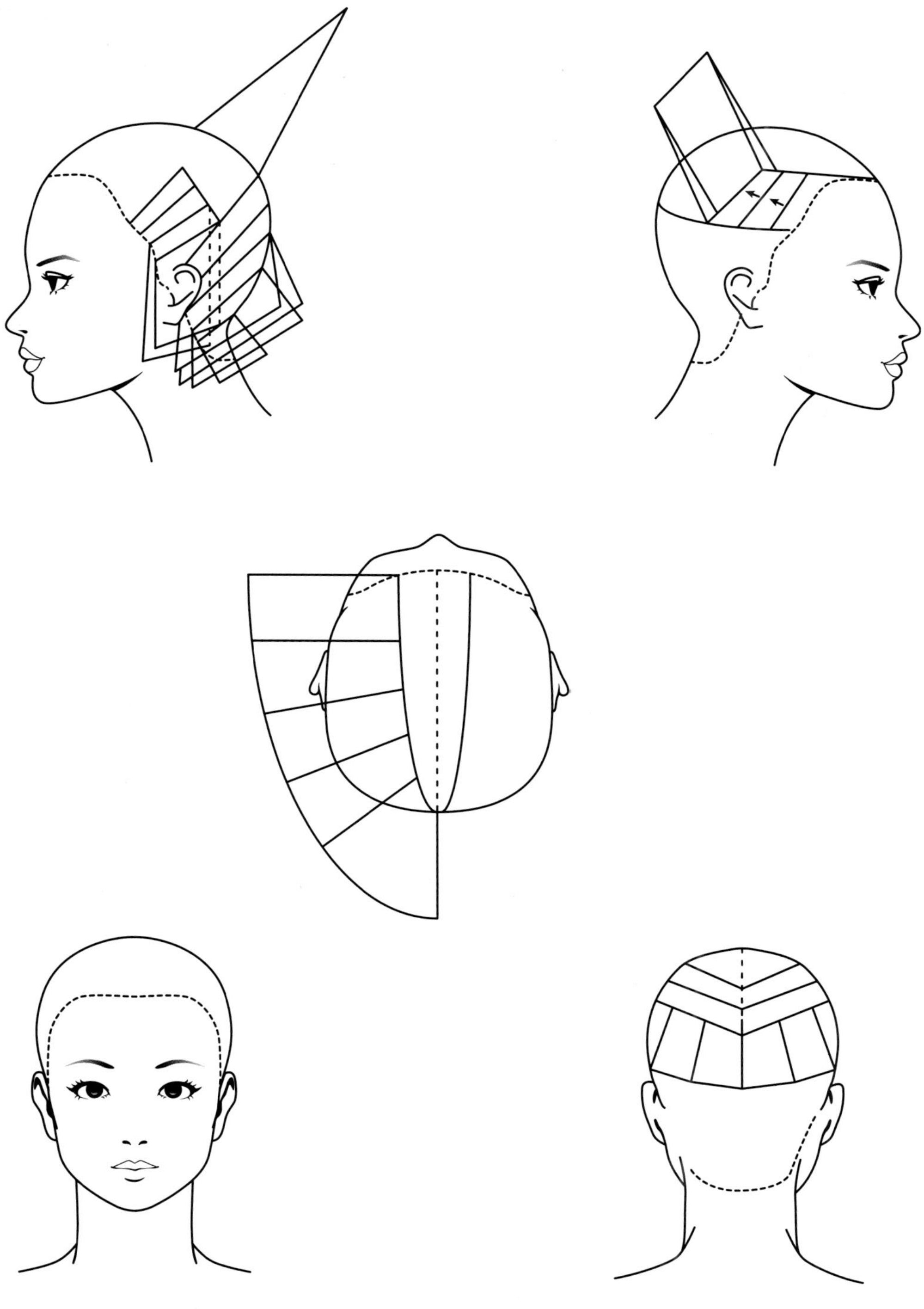

스타파트 On 디스커넥션

① 블로킹은 스타섹션으로 2등분한다.

② 네이프의 머리를 수평섹션으로 90°로 하여 두상각으로 유니폼레이어로 커트한다.

③ 중간 부분에서 부터는 각도를 45°로 하여 수평커트한다.

④ 사이드의 첫 번째 섹션은 전대각으로 자연 분배하여 커트한다.

⑤ 오른쪽 네이프도 왼쪽과 같게 90°로 수평섹션하여 커트한다.

⑥ 프런트 머리도 사선으로 섹션하여 가이드를 정한다.

⑦ 탑 머리는 디스커넥션으로 가이드를 설정한다.

⑧ 남은 탑의 머리는 언더 섹션과 상관없이 디스커넥션한다 .

블로킹은 스타섹션으로 이등분한다.

2등분한 블로킹

네이프의 머리를 수평섹션으로 90°로 하여 두상각으로 유니폼레이어로 커트한다.

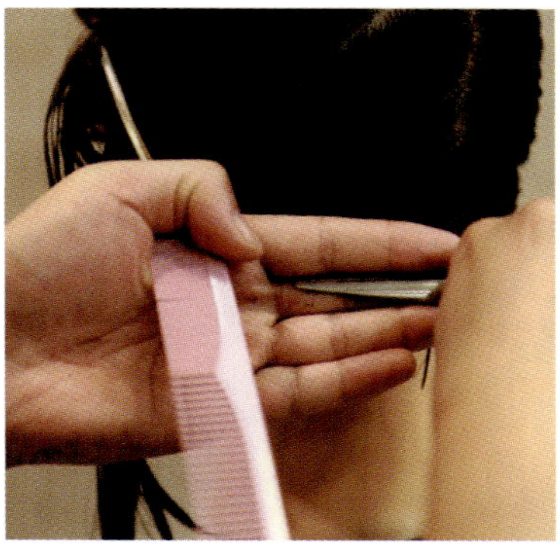

수평 커트한다.

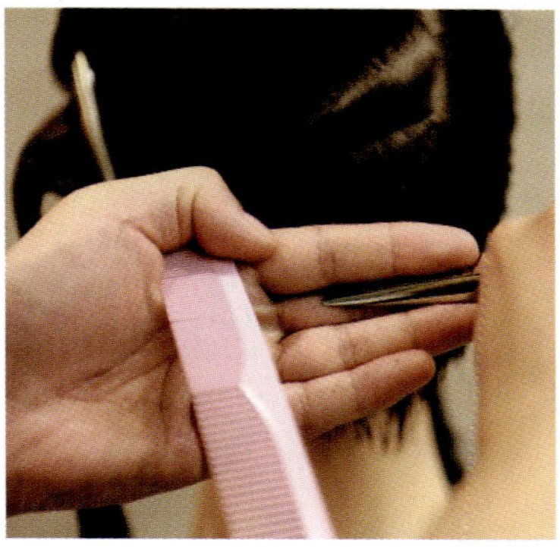

다음 섹션도 90°하여 수평 커트한다.

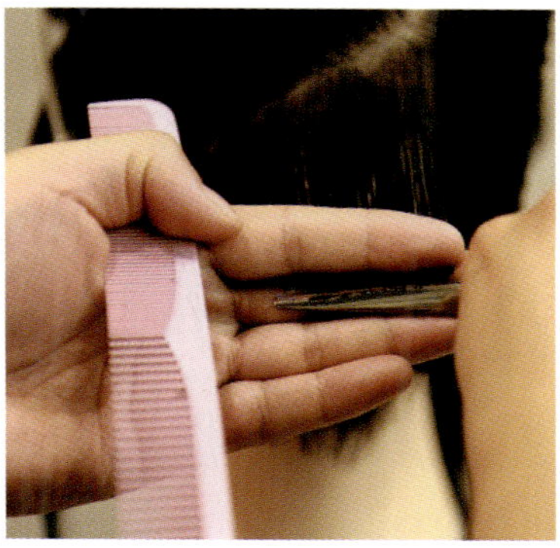

중간 부분에서부터는 각도를 45°로 하여 수평 커트한다.

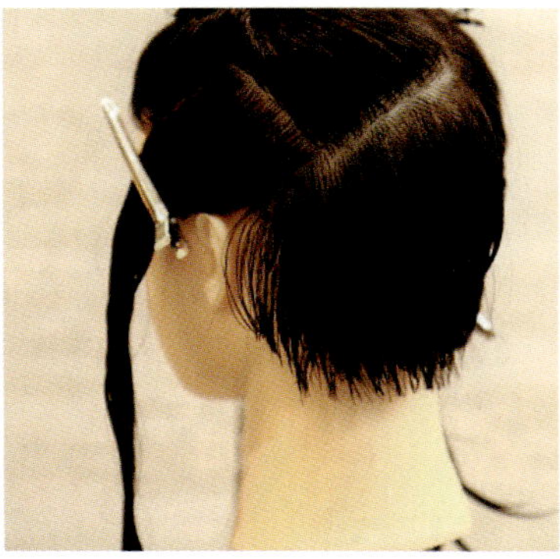

각도를 45°로 하여 수평 커트한다.

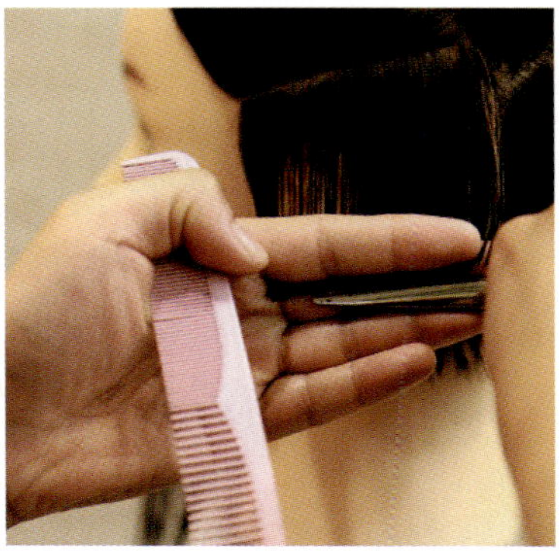

사이드의 첫 번째 섹션은 자연 분배하여 커트한다.

사이드의 섹션은 약간 전대각하여 커트한다.

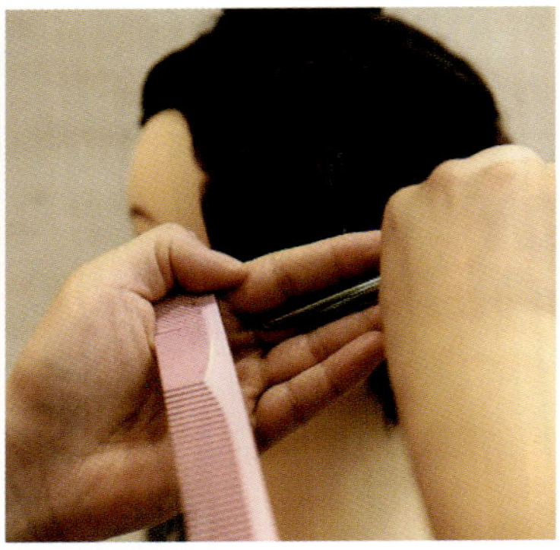

나누어진 섹션까지 같은 방법으로 커트한다.

블로킹대로 커트된 모습

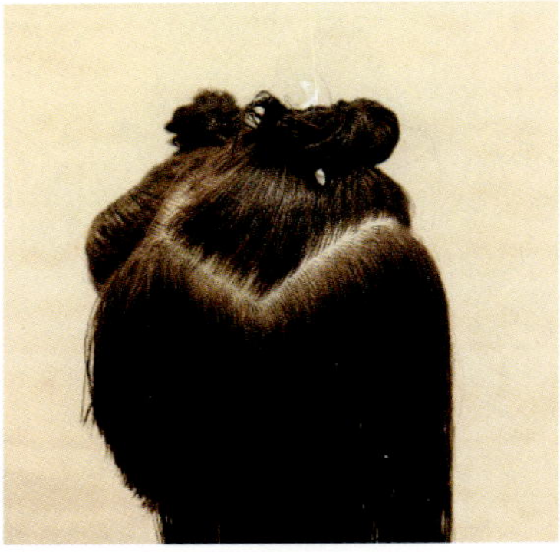

인테리어의 블로킹을 센터를 기준으로 2등분한다.

블로킹된 모습

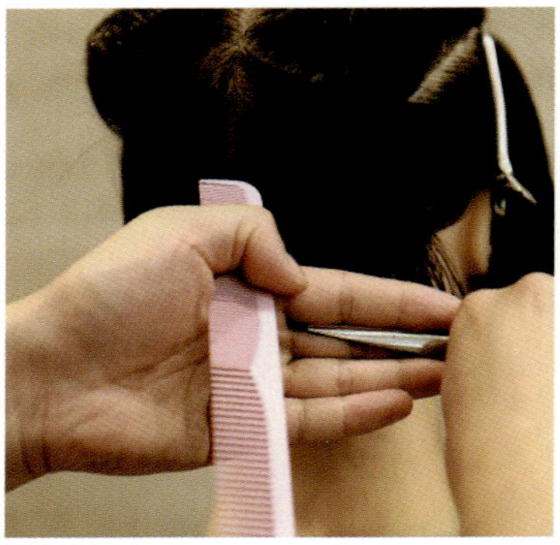

오른쪽 네이프도 왼쪽과 같게 수평 섹션하여 커트한다.

수직섹션으로 90°로 하여 두상각으로

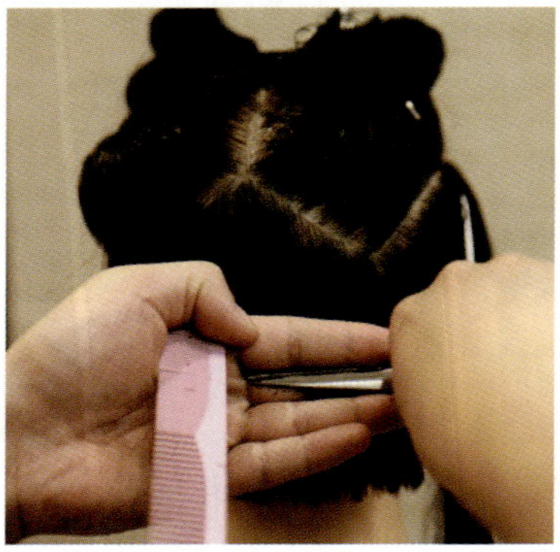

45°로 하여 수평 커트한다.

전대각으로 섹션하여 자연 분배하여 커트한다.

다음 섹션도 가이드에 맞추어 커트한다.

45°로 하여 수평 커트한다.

프런트 머리도 사선으로 섹션하여 가이드를 정한다.

탑 머리는 디스커넥션으로 가이드를 설정한다.

아웃섹션의 머리는 디스커넥션하여 커트한다.

앞머리의 가이드를 먼저 설정한다.

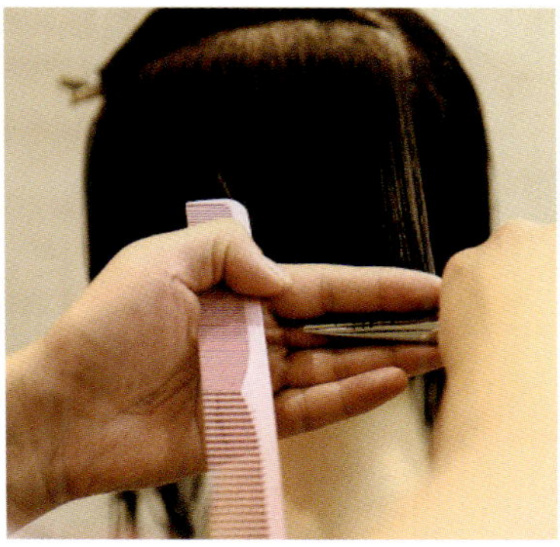

언더 섹션과 상관없이 디스커넥션 한다.

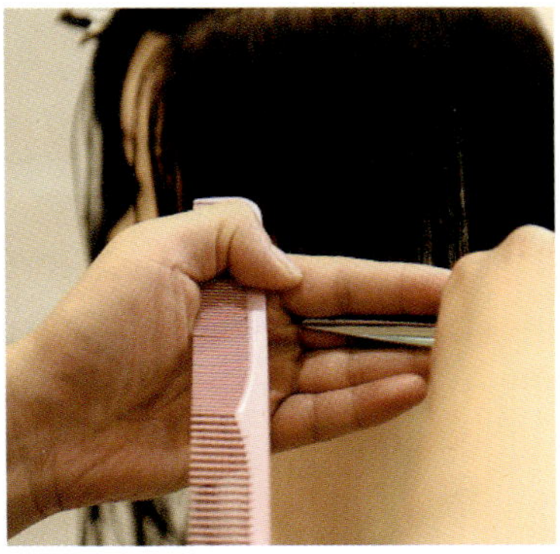

앞머리의 가이드로 뒤에서부터 진행한다.

섹션에 따른 가이드로 커트한다.

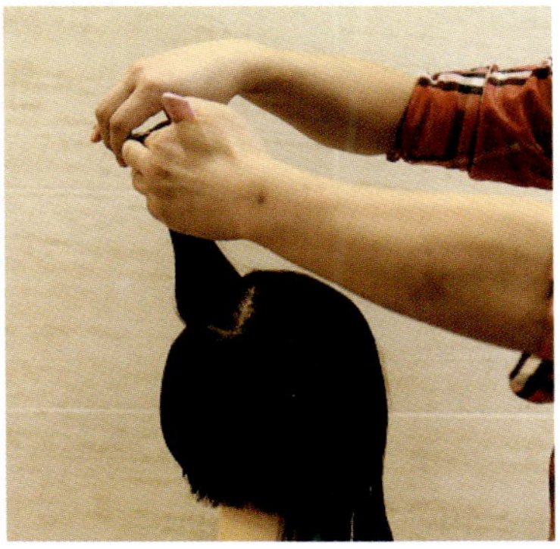

아웃섹션은 반대쪽에서 체크 커트 한다.

탑 머리는 양쪽을 체크한다.

사이드와 디스커넥션한다.

완성 1

완성 2

완성 3

MEMO

도해도 그리기

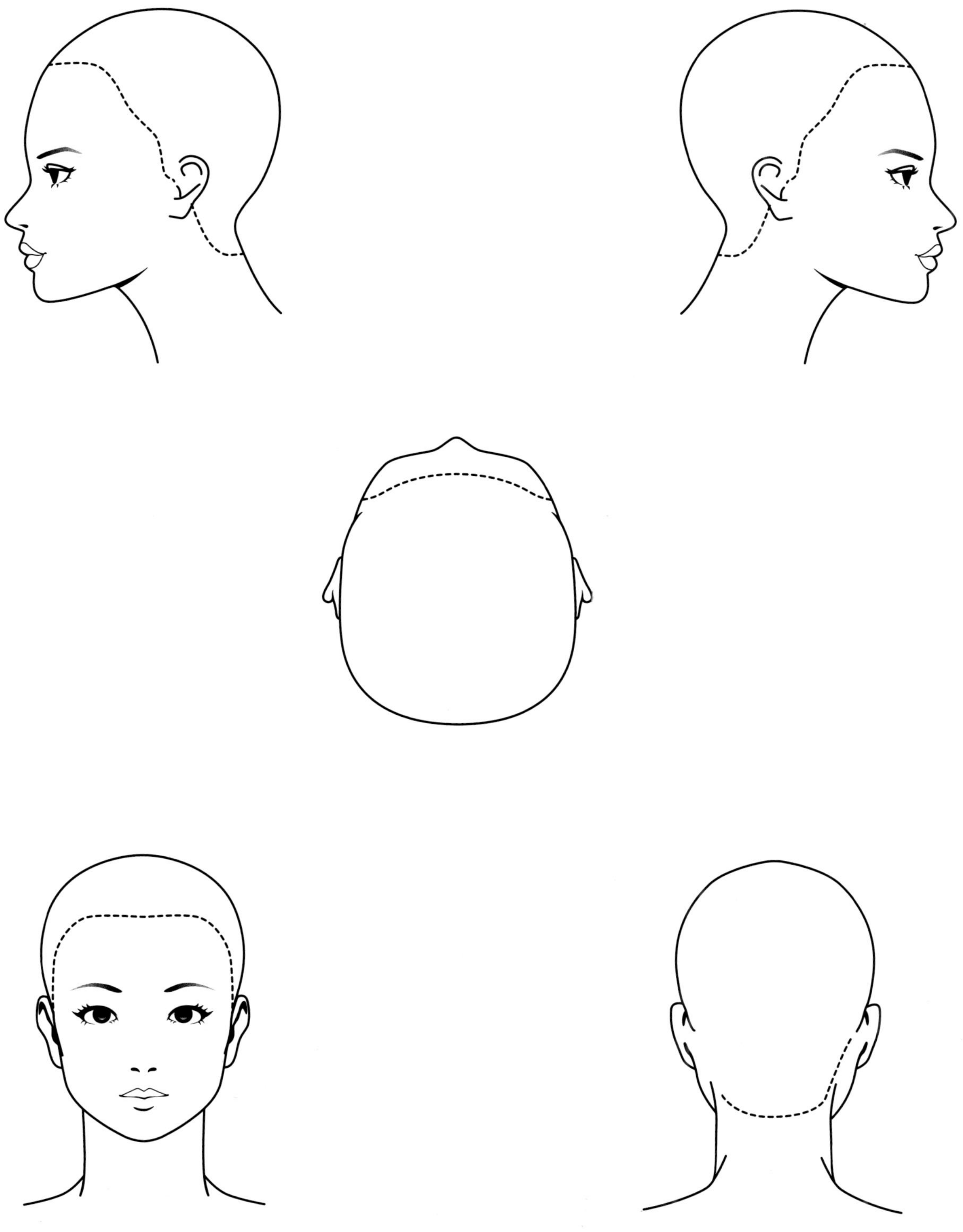

도해도 그리기

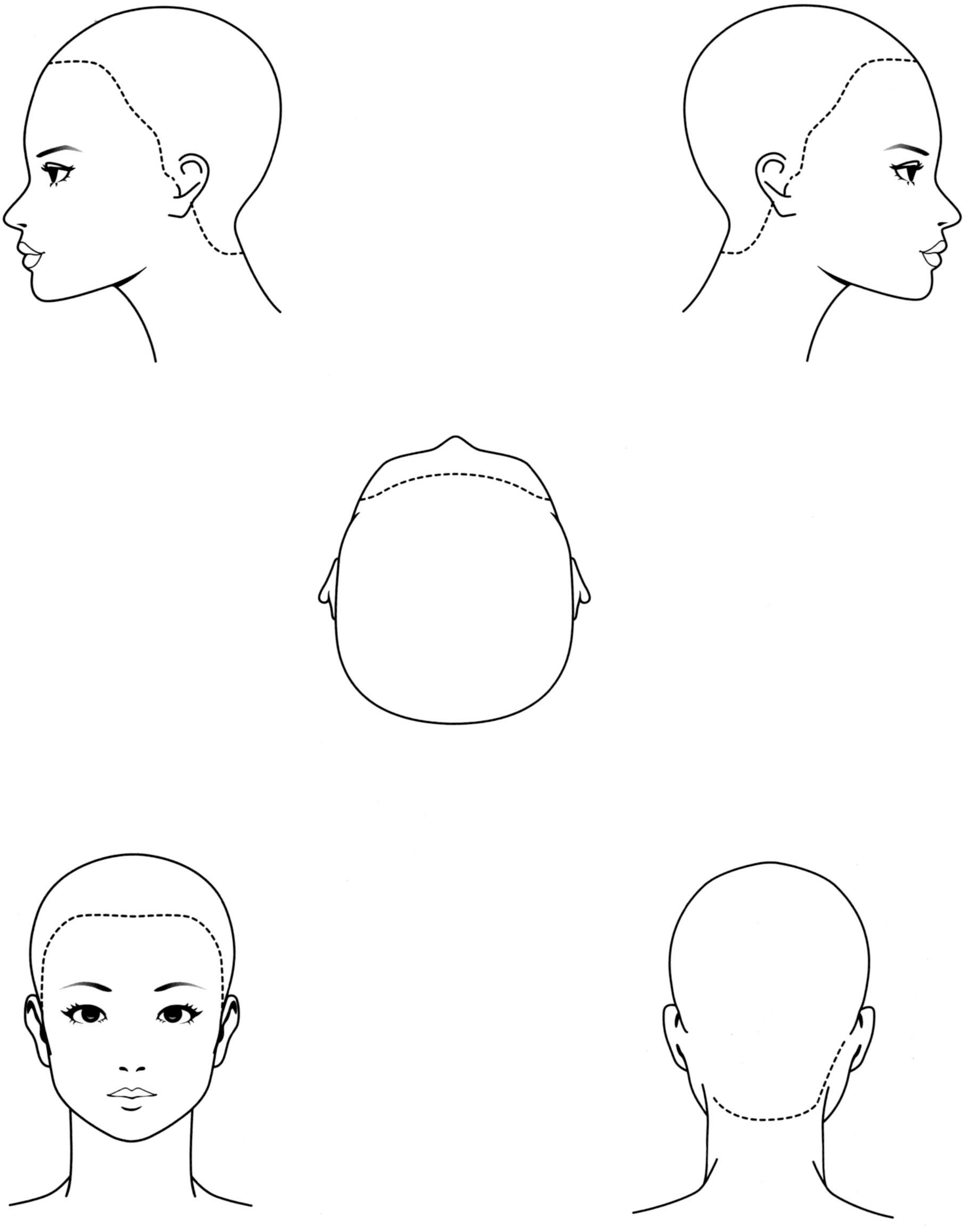

도해도 그리기

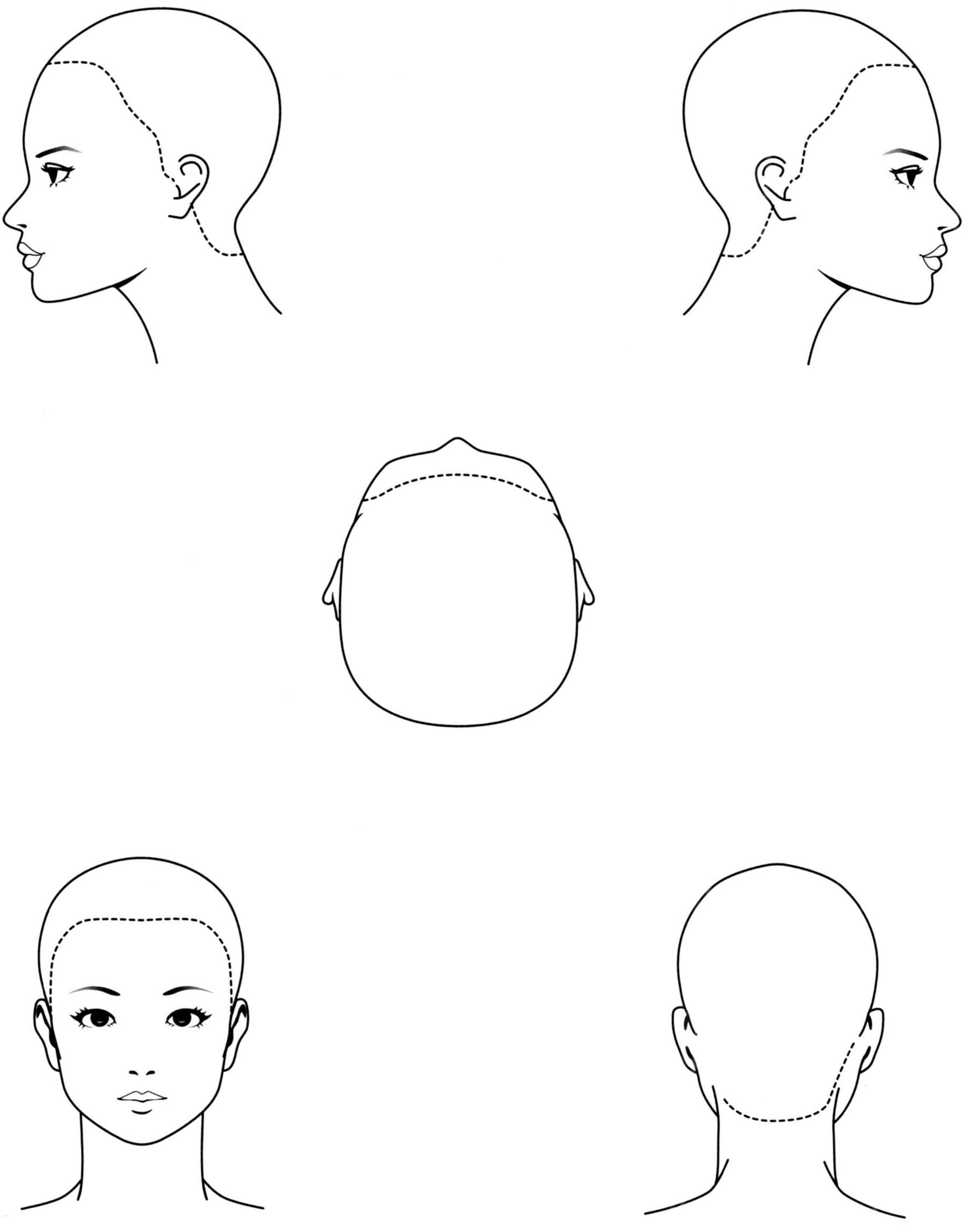

커트의 수학적 법칙

2. 원주율

원주율(圓周率)은 **원**의 **지름**에 대한 **둘레**의 **비율**을 나타내는 **수학 상수**이다. **수학**과 **물리학**의 여러 분야에 두루 쓰인다. **그리스 문자** π 로 표기하고, 파이라고 읽는다.

원주율은 수학에서 다루어지는 가장 중요한 상수 가운데 하나이다.

무리수인 동시에 **초월수**이다. **아르키메데스**의 계산이 널리 알려져 있어 '아르키메데스 상수'라고 부르기도 하며, 독일에서는 1600년대 **뤼돌프 판 쾰런**이 소수점 이하 35자리까지 원주율을 계산한 이후 '뤼돌프 수'라고 부르기도 한다.

원주율의 값은 3.1415926535897932... 로, 순환하지 않는 무한소수이기 때문에 근삿값으로 3.14를 사용한다.

$$\pi = \frac{C}{d}$$

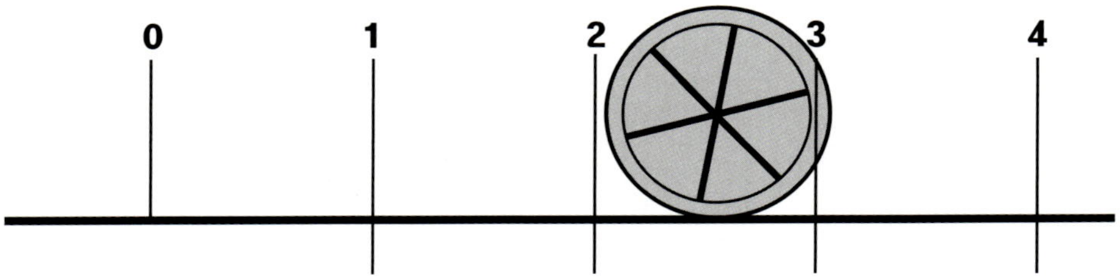

원의 지름이 1일 때, 원주는 π 이다.

원주율은 말 그대로 원의 지름에 대한 둘레의 비율를 나타낸 것으로 끝이 없이 무한 반복된다.

고객 커트시에도 위크처럼 직모만 있는 것이 아니라 곱슬 모발도 많기 때문에 커트선의 기장선 역시 중요하다. 커트 후 일반적으로 웨이브를 선호하는 사람들이 많기 때문에 '볼륨감을 원하느냐? 웨이브를 원하느냐?'가 커트에 기장선에 따라 달라지기 때문에 원주율에서 무한 반복되는 소수 셋째자리의 숫자를 버리듯 커트 행보 이후의 스타일링에도 반드시 신경써야 한다.

3. 상대성 이론

상대성이론(相對性理論, 독일어: Relativitätstheorie, 영어: theory of relativity) 혹은 단순히 상대성(독일어: Relativität, 영어: relativity)은 알베르트 아인슈타인이 제창한 시간과 공간에 대한 물리 이론으로, 특수 상대성 이론과 일반 상대성 이론으로 나뉜다.

상대성 이론에 따르면, 서로 다른 상대 속도로 움직이는 관측자들은 같은 사건에 대해 서로 다른 시간과 공간에서 일어난 것으로 측정하며, 그 대신 물리 법칙의 내용은 관측자 모두에 대해 서로 동일하다.

상대성 이론은 단순한 자연 법칙이 아니고 일종의 사고 체계라고 할 수 있다. 상대성 이론은 인식에 대한 대변혁을 일으킨 것이다. 추상적 수학 개념과 세밀한 관측이 자연을 이해하는 열쇠가 된다고 알려준 갈릴레오 갈릴레이와 아이작 뉴턴이 해결하지 못했던, 측정의 대상이 되는 물체와 측정의 기준이 되는 기준 좌표계의 관계를 이해하기 위한 고민에서 상대성 이론이 시작되었다고 할 수 있다.

아인슈타인은 상대성 이론에 대해 다음과 같이 언급한 바 있다.

"상대성 이론은 돌파구가 있을 것 같지 않은 심각하고 깊은 옛 이론의 모순을 해결하기 위해 생겨났다."

사실 미용을 하고 커트를 시작하면서 줄곧 드는 의문점이 하나있다. 일반적인 고객 커트가 아닌 이론상의 커트에서는 각도에 따라 스타일이 달라지게 되는데 정말 이론에서처럼 0도의 커트선이 일상생활에서도 존재할까?

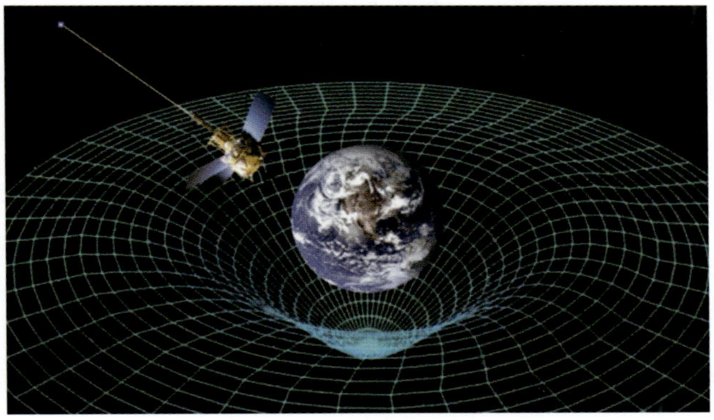

결론적으로 말하자면

현실에선 0도의 커트인 원랭스가 불가능하다. 왜냐하면 고객의 어깨선이 존재하기 때문이다. 수학에서 파생된 개념인 물리학을 공부하자는 것이 아니라 위에서 말한 아인슈타인의 경고에 주목하자는 것이다.

아인슈타인의 상대성 이론은 깊은 옛 이론의 모순을 해결하기 위해 만들어졌듯이 보다 체계적인 커트의 완성을 위해 전개도를 이용하여 풀어내지만 결국 우리는 말 못하는 위그가 아닌 감성과 희,노,애,락을 가지고 있는 사람에게 정성을 담아 시술하는 것이다.

05;

APPLY HAIR CUT

응용헤어커트_ 주차별 강의계획 I S(쇼트 헤어)

SHORT
HAIR

쇼트 헤어 작품 1

- 머쉬룸한 느낌의 스타일
- 시크한 라인을 너무 무겁지 않게 층으로서 표현하고, 머쉬룸한 귀여움을 연출할수 있다.

도해도

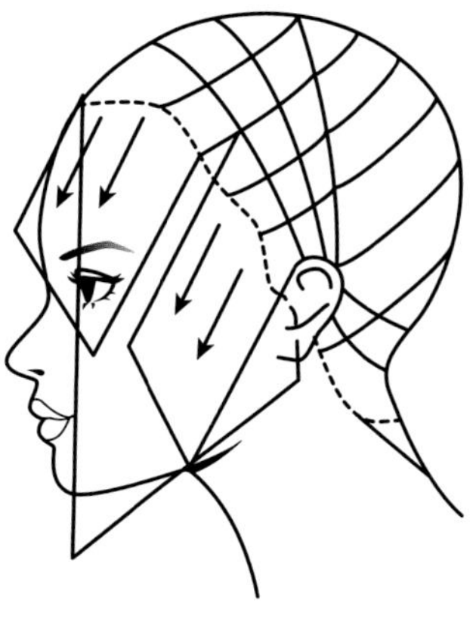

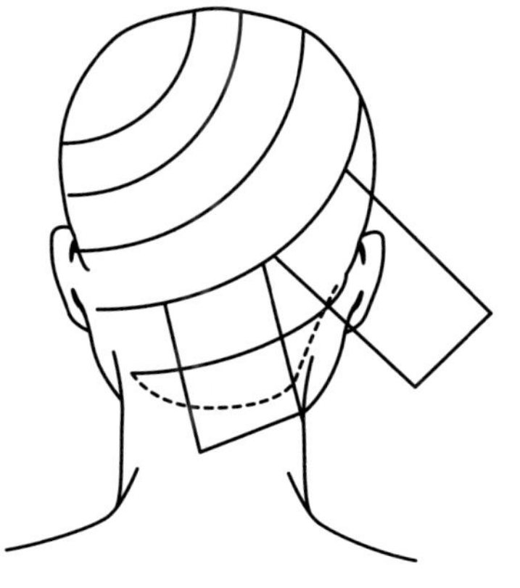

3 노파팅 on 쇼트

① 페이스 라인으로 약 2cm 섹션 하여 프런트 머리를 가이드로 설정한다.

② 페이스 라인의 사이드 머리를 앞으로 당겨 정해진 가이드에 맞추어 커트한다.

③ 두 번째 섹션도 앞쪽으로 당겨 직각분배로 커트한 후 사이드로 진행한다.

④ E•P 지나는 선까지 진행한 후 사이드는 전대각 섹션하여 가이드를 정한다.

⑤ E•P에서 N•P까지 섹션하여 백으로 커트한다.

⑥ T•P를 지날 때까지 반복하여 커트한다.

⑦ 오른쪽도 왼쪽과 대칭되게 페이스 라인을 먼저 커트한 후 후대각으로 섹션한다.

⑧ 백 부분은 양쪽이 대칭되도록 커트한다.

⑨ 남은 부분은 앞쪽으로 당겨 커트한다.

시술 전

페이스 라인으로 약 2cm 섹션한다.

프런트의 앞머리를 가이드로 설정하여 커트한다.

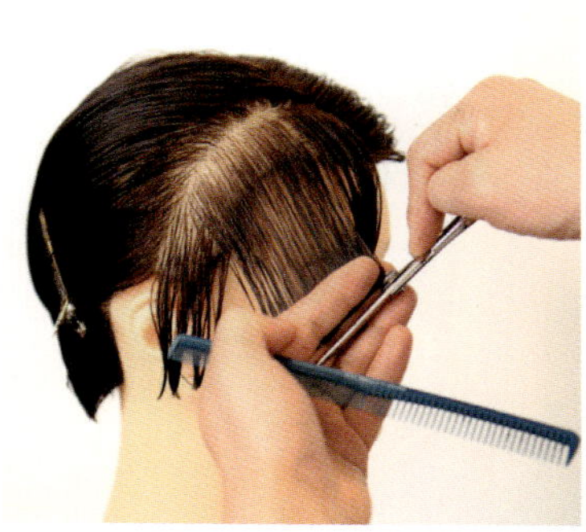

페이스 라인의 사이드 머리를 앞으로 당겨 정해진 가이드에 맞추어 커트한다.

두 번째 섹션도 앞쪽으로 당겨 직각 분배로 커트한다.

사이드로 진행한다.

사이드도 연결하여 커트한다.

E • P 지나는 선까지 진행한다.

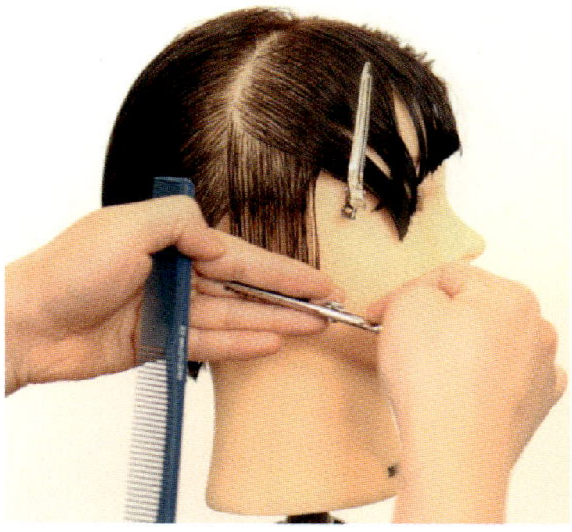

사이드는 전대각 섹션하여 가이드를 정한다.

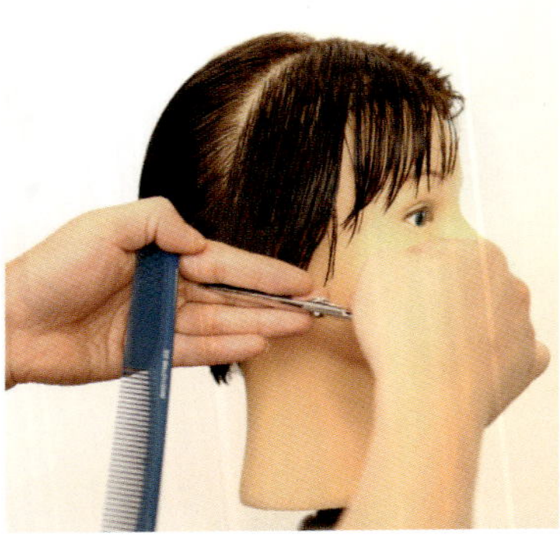

길이가 같아질 때까지 진행한다.

백으로 연결하여 섹션한다.

섹션된 가이드대로 진행하면서 커트한다.

형태선은 먼저 정한 후 백으로 진행한다.

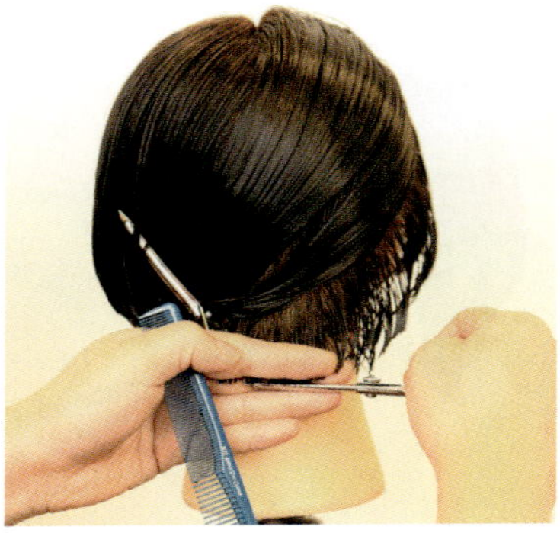

N • P까지 진행한다.

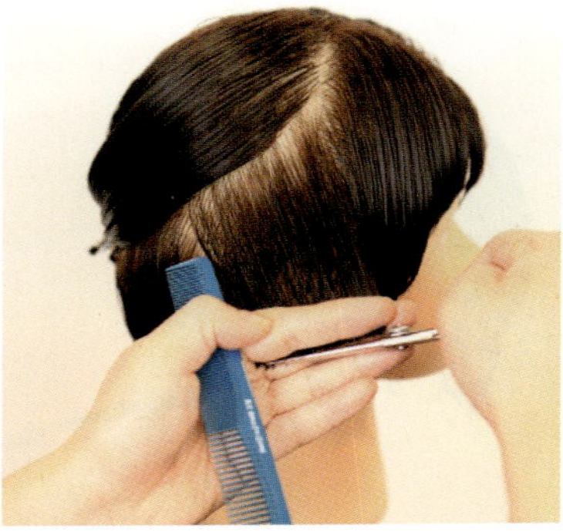

다음 섹션도 연결하여 백으로 진행한다.

백 사이드 부분을 두상의 흐름에 따라 섹션한다.

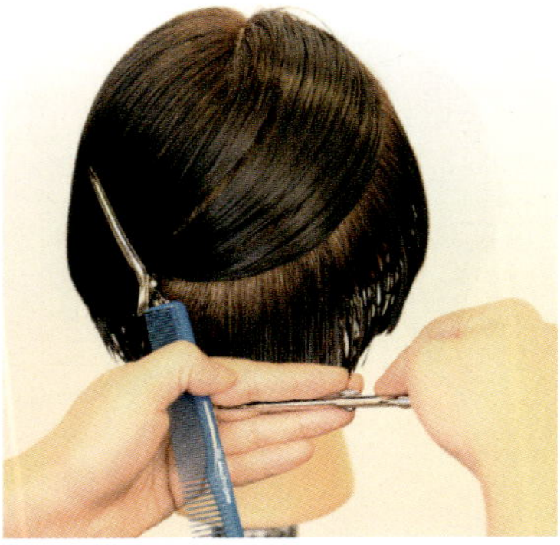

가이드에 따라 커트한다.

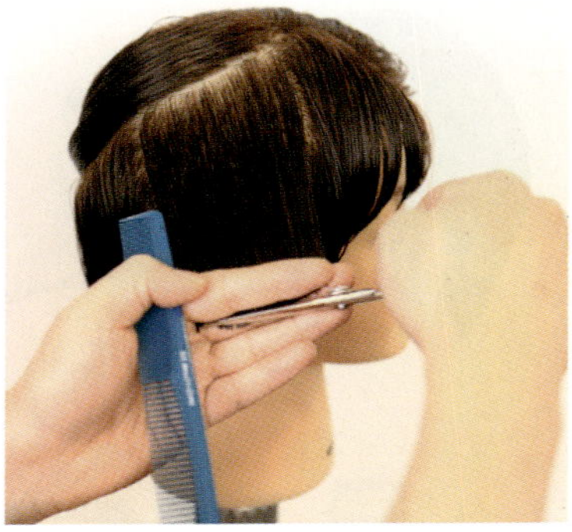

두상에 따라서 섹션하는게 중요하다.

백 사이드도 정해진 길이에 따라서 커트한다.

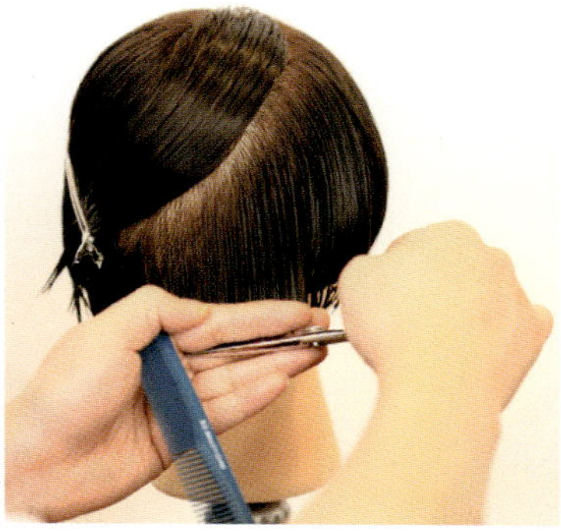

섹션된 모습

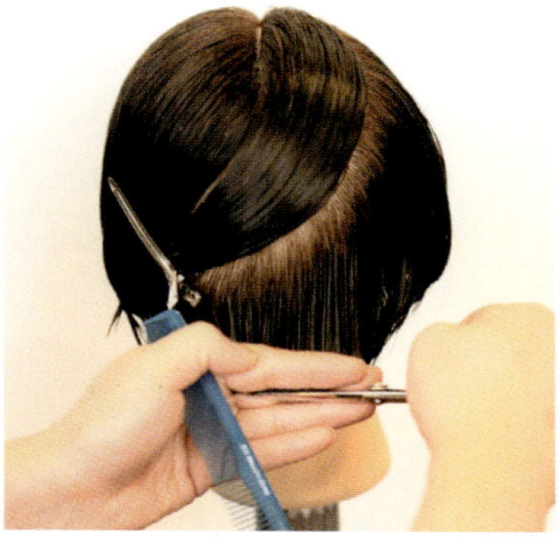

오른쪽 백으로 진행하면서 커트한다.

가이드에 맞추어 커트한다.

섹션의 기울기에 따라 커트한다.

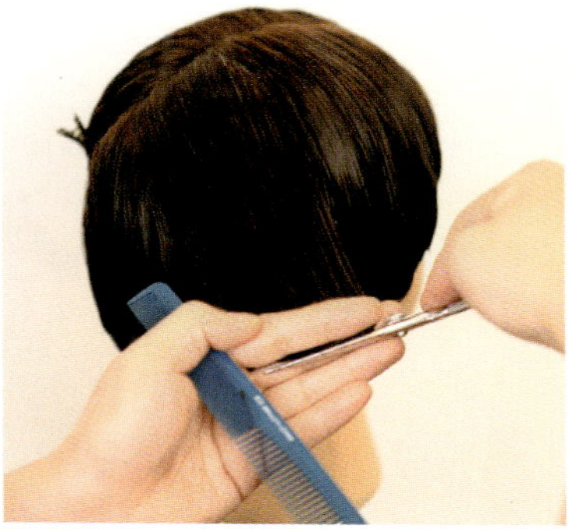

반대편 네이프까지 연결하여 커트한다.

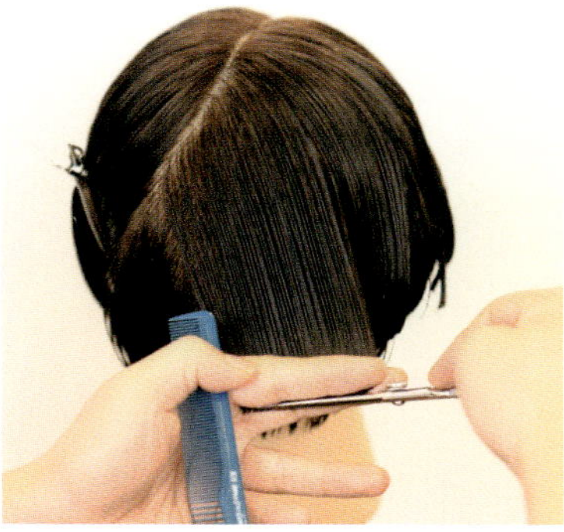

T・P까지 계속해서 진행한다.

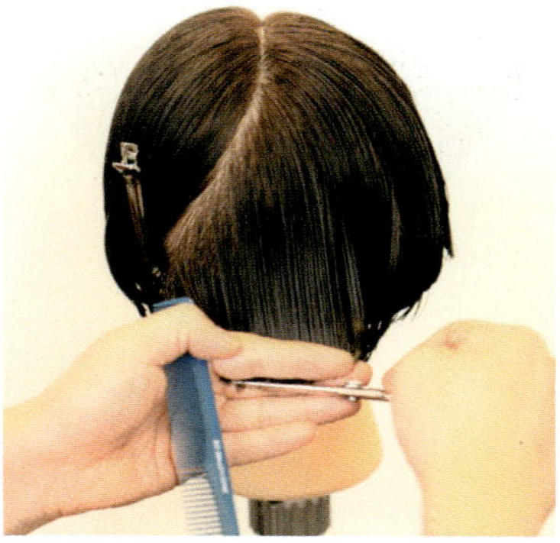

왼쪽도 오른쪽과 대칭이 되도록 같은 방법으로 진행한다.

완성 1

완성 2

완성 3

MEMO

도해도 그리기

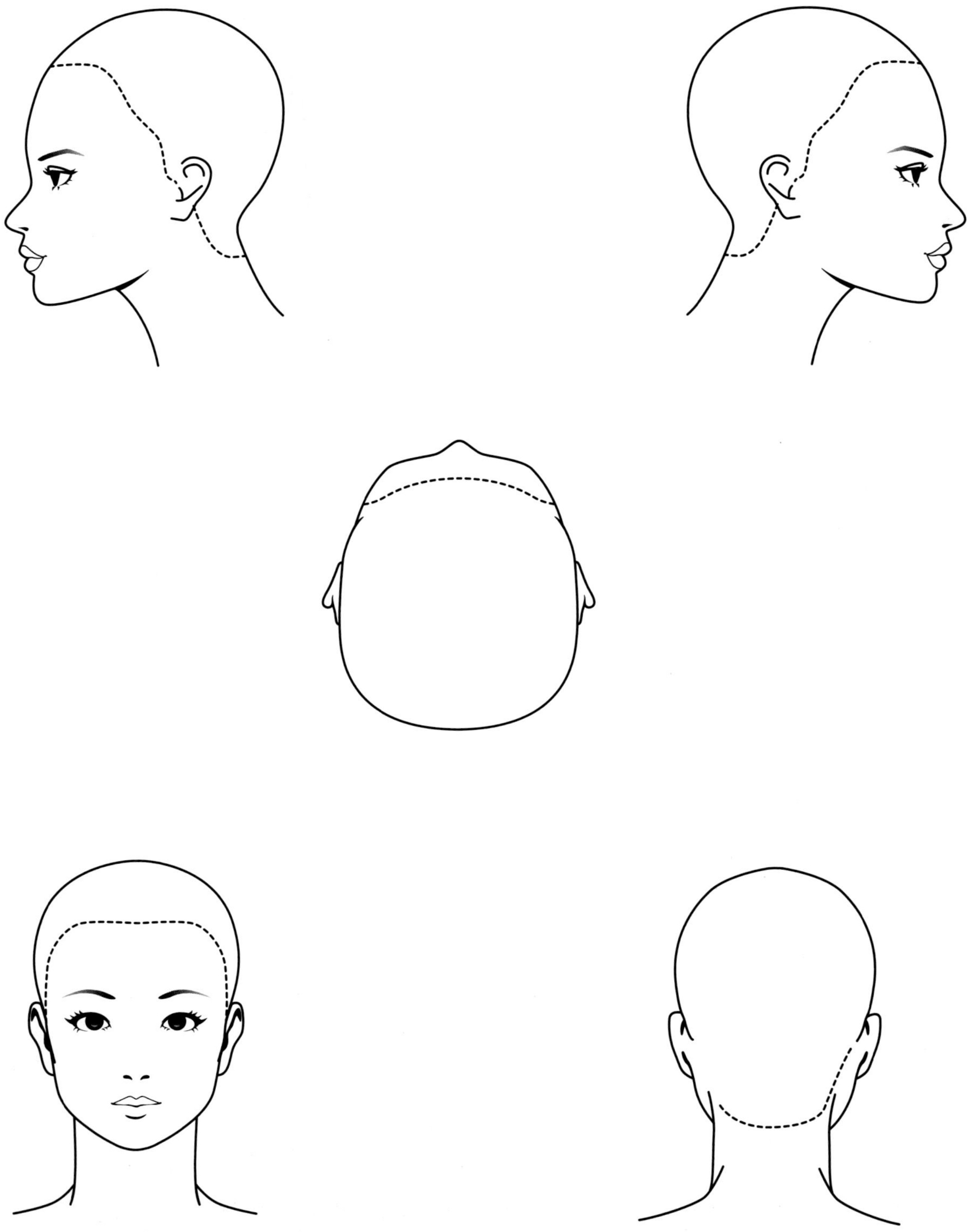

도해도 그리기

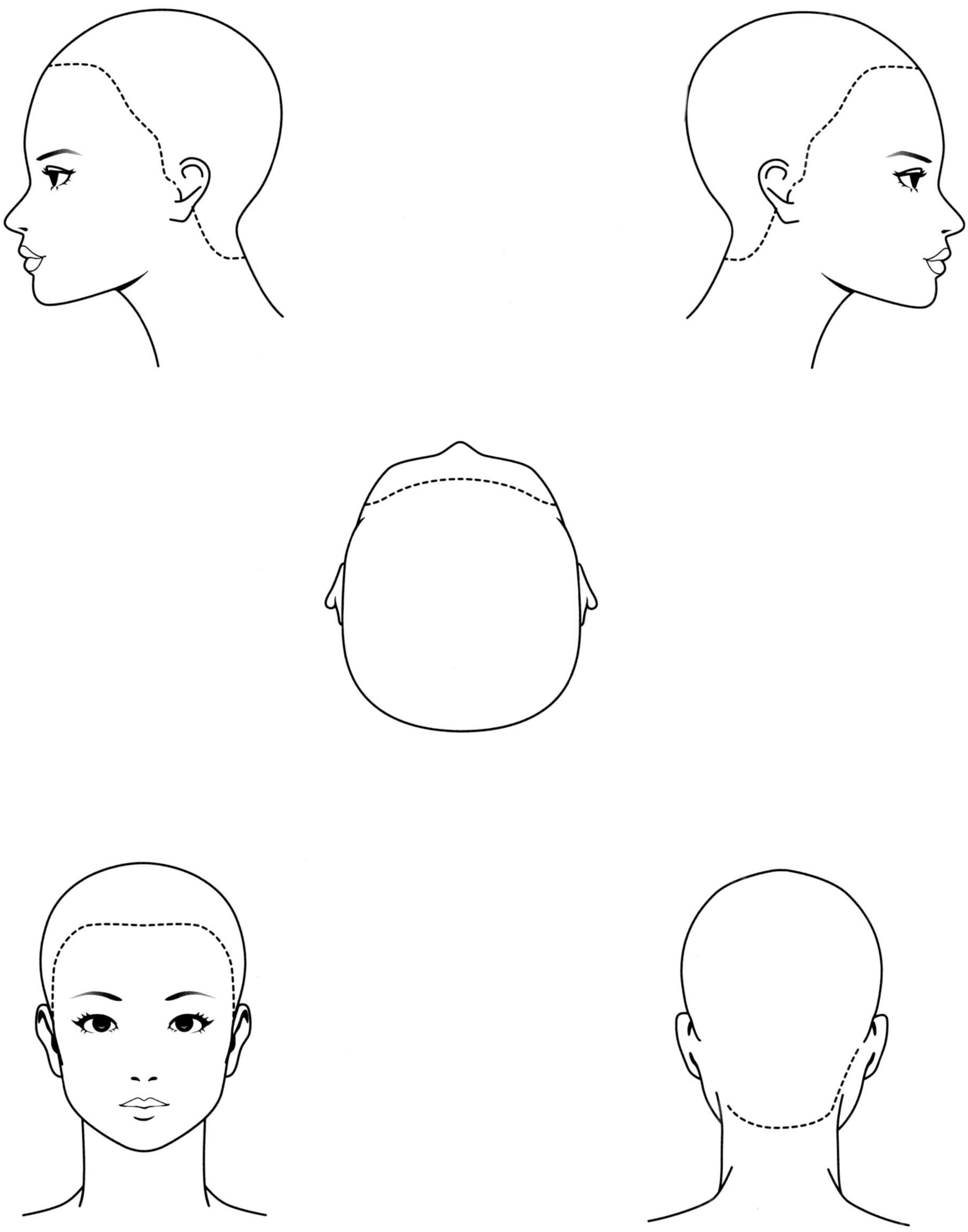

쇼트 헤어 작품 2

- 앞머리가 짧고, 위쪽으로 점점 길어지는 스타일
- 짧은 머리에서 표현될 수 있는 여성스러움을 강조, 자연스러운 비대층으로 도시의 여성미를 연출할 수 있다.

도 해 도

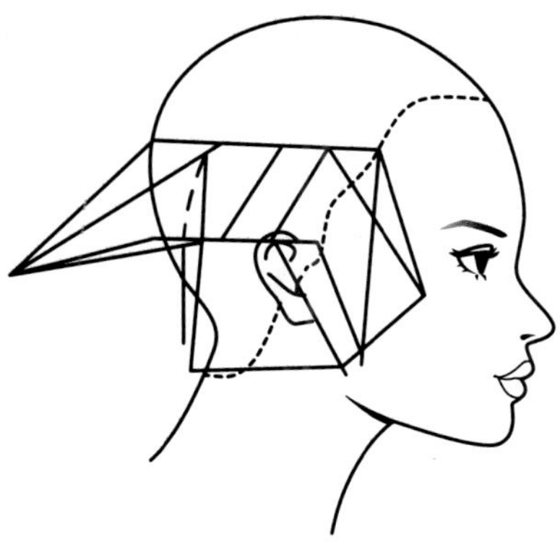

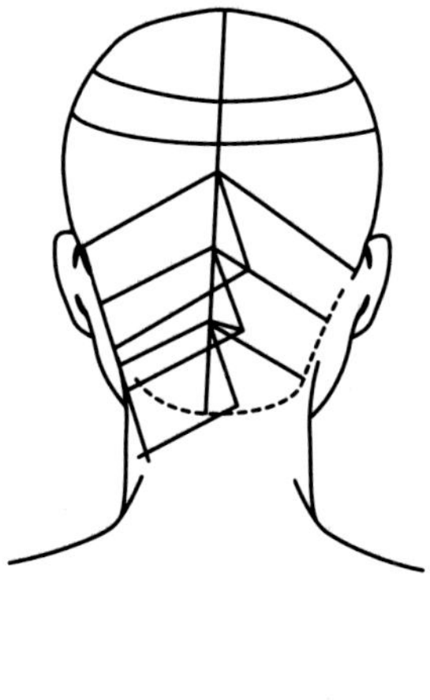

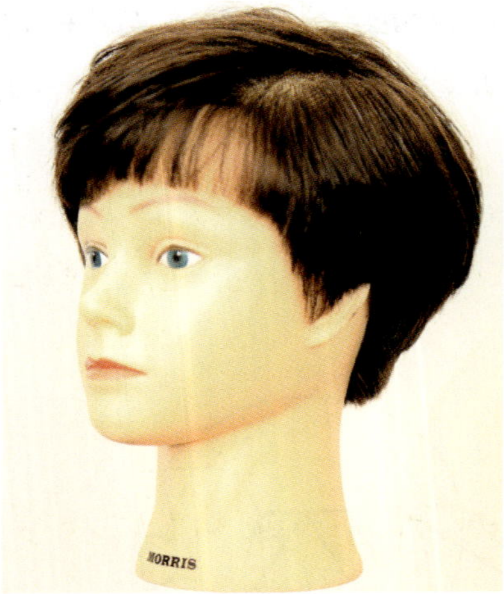

2섹션 on 레이어 그레쥬에이션의 디스커넥션

① 인테리어 부분을 U브로킹으로 이등분한다 .
② 네이프는 전대각 섹션하여 수평으로 90˚ 커트한다.
③ 백의 중간 부분은 60˚로 수평 커트한다 .
④ 백 부분은 45˚ 로 수평 커트한다.
⑤ 사이드의 언더 섹션은 45˚ 로 수평 커트한다.
⑥ 페이스 라인은 전대각 섹션하여 코너를 제거한다.
⑦ 프런트는 수평 파팅으로 직각분배하여 낮은 시술각으로 커트한다.
⑧ 프런트의 두 번째 섹션은 낮은 시술각으로 디스커넥션 커트한다.
⑨ 모발을 모두 내려 백으로 자연분배되는 모발을 디스커넥션 커트한다.

페이스라인 코너에서 U블럭으로 블로킹한다.

G · P에서 B · P까지 2등분 한다.

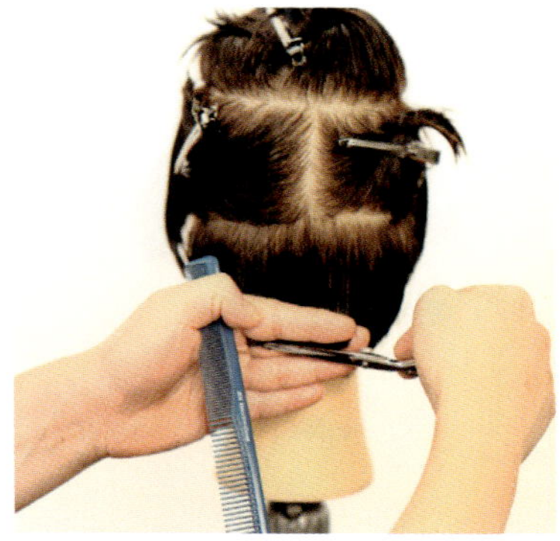

네이프의 섹션을 90°로 먼저 커트한다.

가이드를 먼저 정한 후 가이드에 맞추어 N · S를 연결한다.

2등분 한 백을 2cm 섹션하여 수평 커트한다.

가이드에 맞추어 진행한다.

왼쪽 먼저 진행 후

오른쪽도 가이드에 맞추어 진행한다.

가이드에 맞추어 진행한다.

남은 섹션을 모두 내려 낮은 시술각 커트한다.

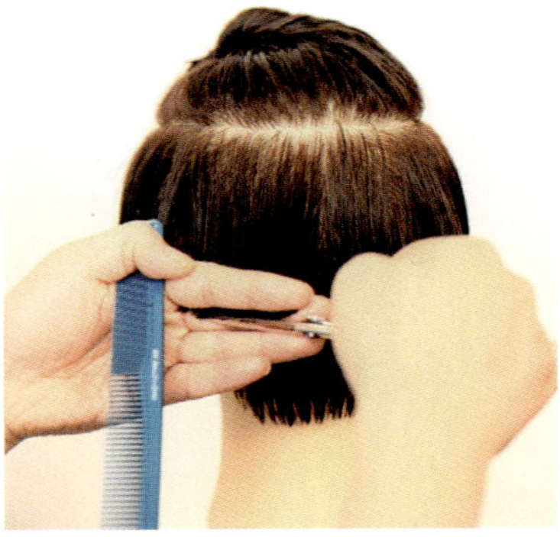

가이드에 맞추어 사이드로 진행한다.

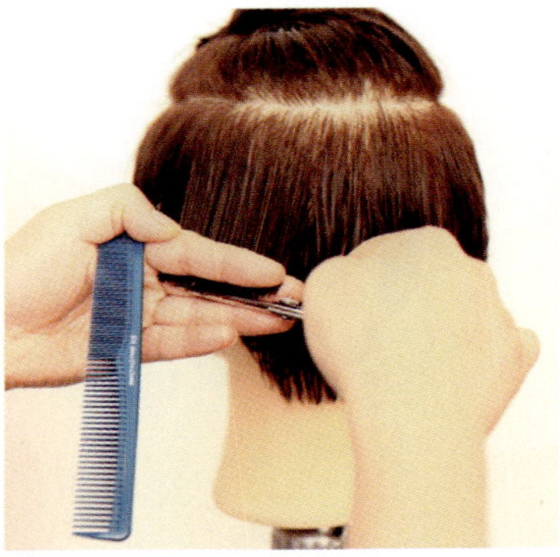

왼쪽 백 사이드까지 진행한다.

왼쪽 사이드는 수평 섹션하여 가이드를 정한다.

남은 섹션을 모두 내려 가이드에 맞춘다.

페이스라인을 2cm 섹션하여 앞쪽으로 커트한다.

다음 섹션도 같이 진행한다.

앞머리 페이스 라인은 앞으로 내린다.

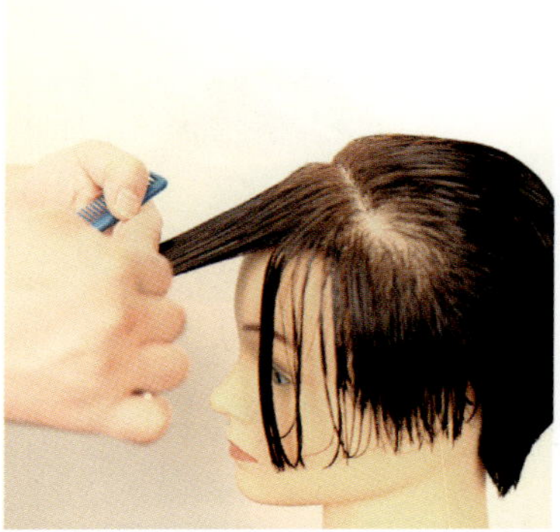

디스커넥션 되게 가이드를 설정하여 커트한다.

가이드에 맞추어 커트한다.

남은 머리를 모두 내려 B · P 맞추어 정리한다.

뒤로 당겨 정리한다.

오른쪽 사이드도 모두 뒤로 당겨 맞춘다.

디스커넥션된 앞머리

완성 1

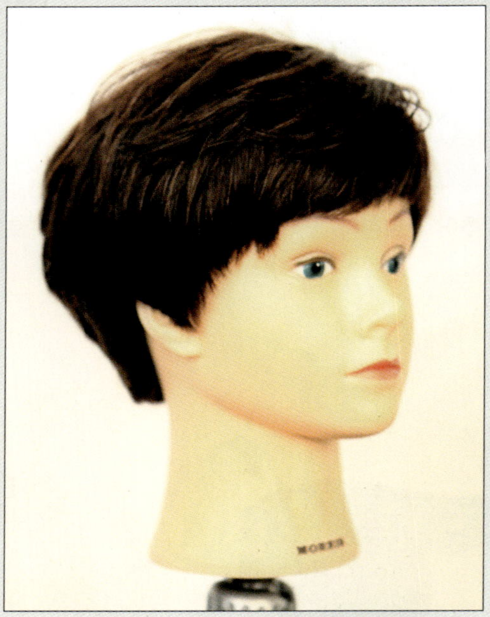

완성 2

완성 3

MEMO

도해도 그리기

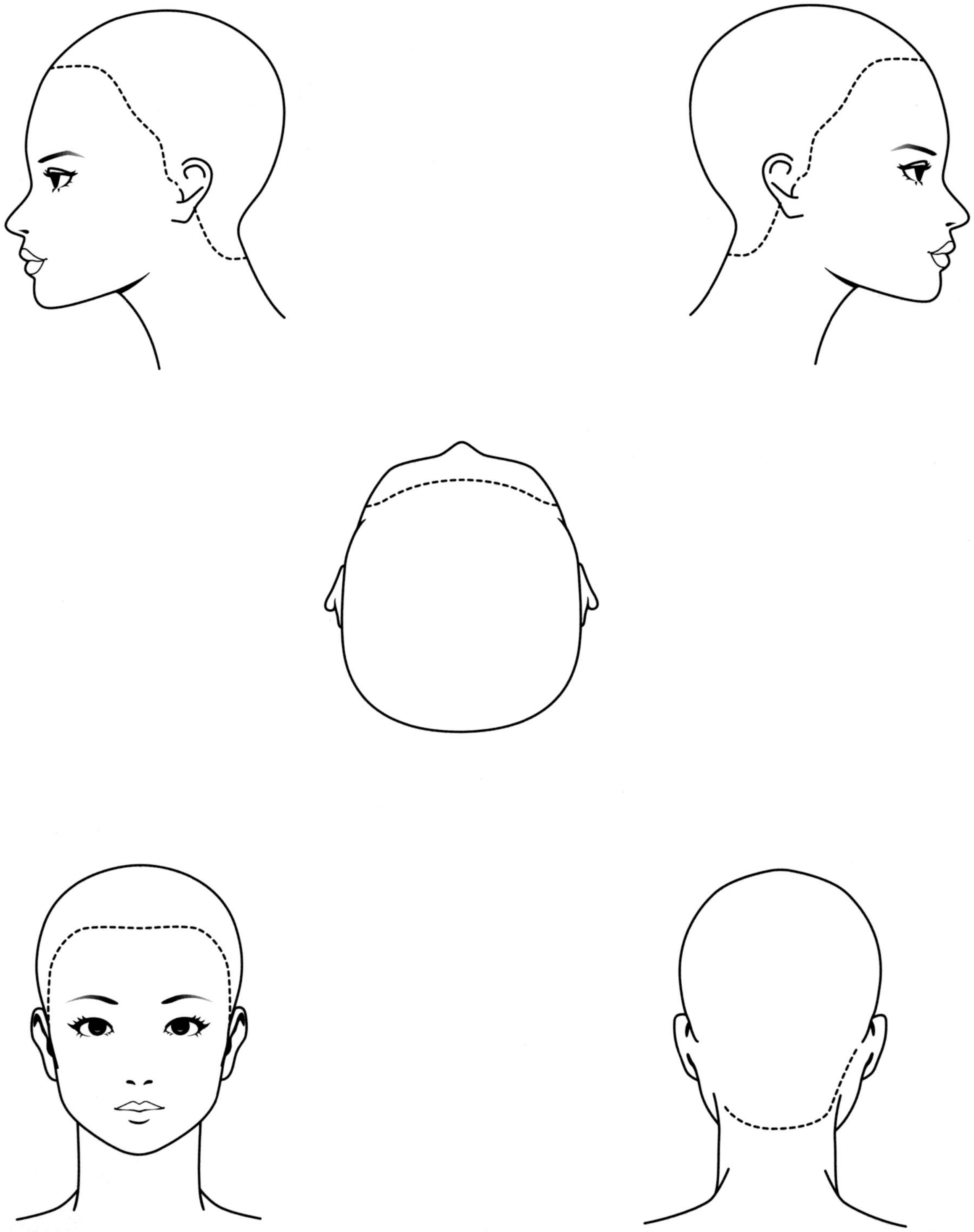

도해도 그리기

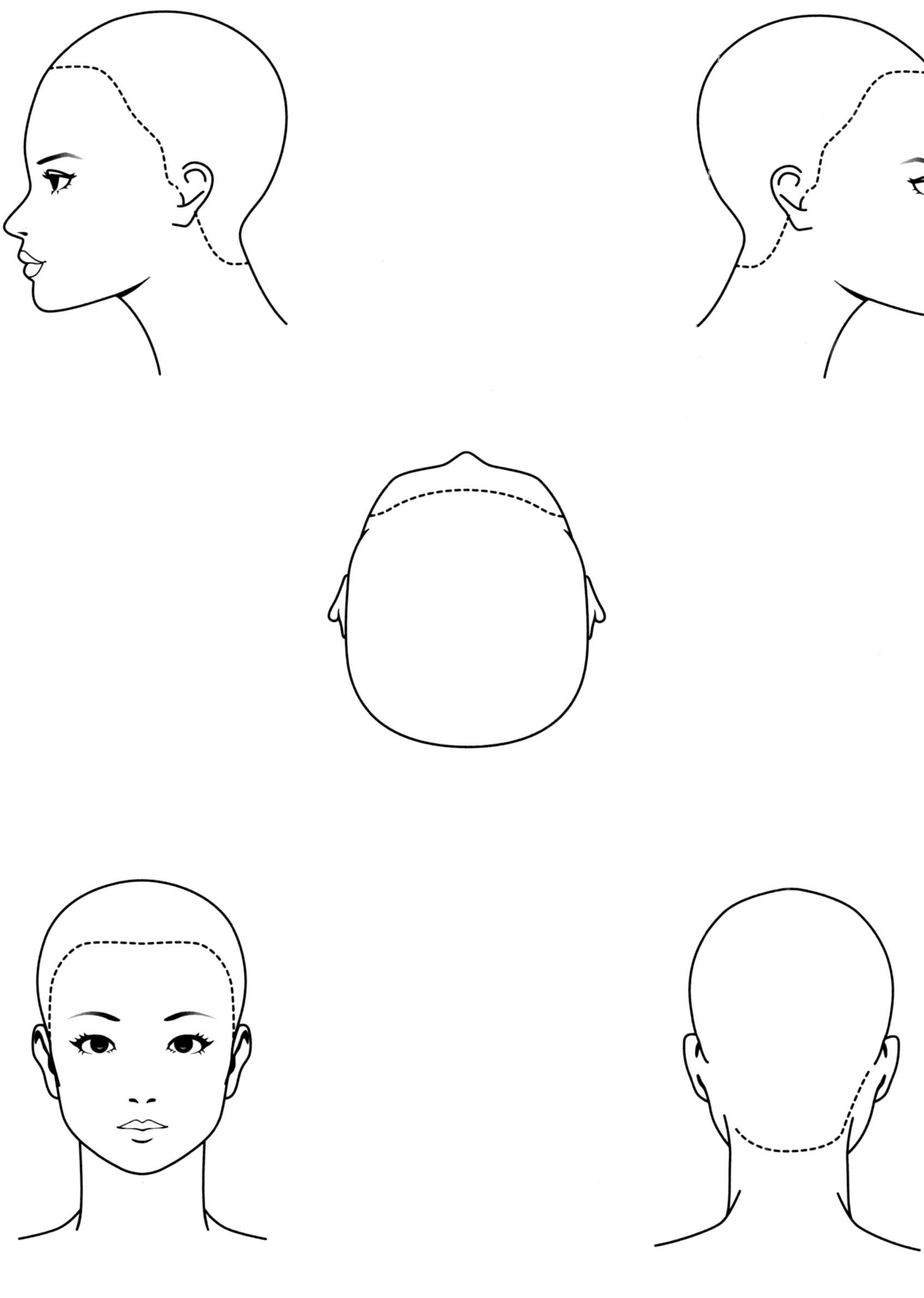

쇼트 헤어 작품 3

- 짧은 그라데이션의 볼륨 표현
- 앞머리가 없는 여성에게서 섹시하고 도도함을 가장 잘 연출할 수 있는 스타일

도해도

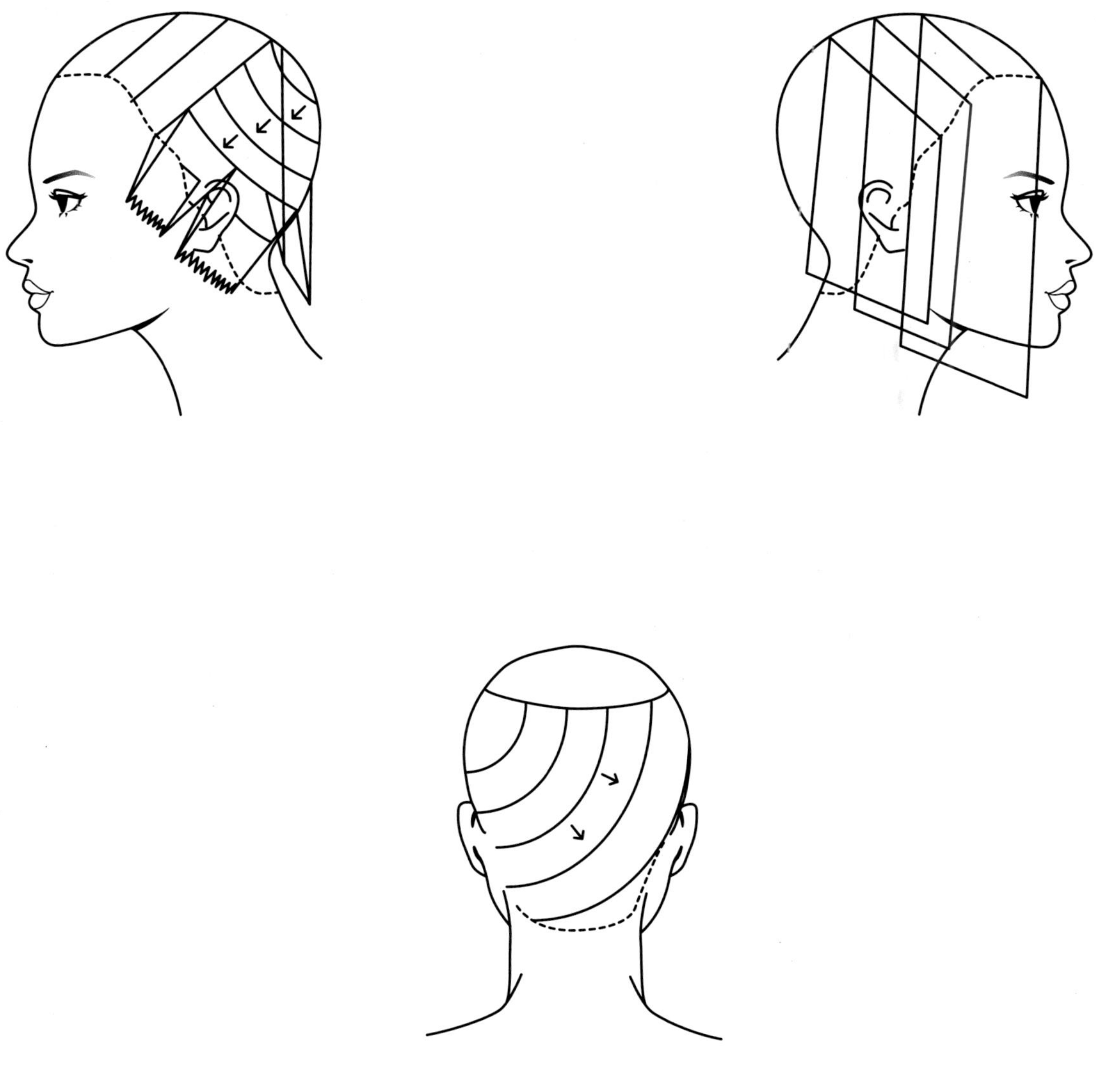

2섹션 on 레이어 그레쥬에이션 디스커넥션

① 페이스 코너에서 탑을 지나 2cm까지 블로킹 한다.

② 오른쪽 페이스 라인을 후대각 섹션 후 앞으로 빗어 높은 시술각으로 섹션과 평행하게 커트한다.

③ 백 포인트로 진행할수록 시술각을 낮추어 커트한다.

④ 백을 사이드로 당겨서 자를 때는 후대각 사선으로 커트한다 .

⑤ 왼쪽은 오른쪽과 동일하게 진행하고 백으로 갈수록 낮은 시술각으로 커트한다 .

⑥ 백의 중간부분은 수평 섹션하여 커트한다.

⑦ 탑의 앞머리는 사선으로 앞쪽이 길어지게 디스커넥션 커트한다.

⑧ 프런트까지 사선으로 섹션하여 앞이 길어지게 사선으로 커트한다.

페이스 코너를 U블로킹 한다.

오른쪽 사이드를 페이스라인 앞쪽으로 당겨 가이드를 정한다.(섹션과 평행하게)

2cm씩 뒤로 진행한다.

사이드가 지나면서 두상 곡면에 따라 섹션한다.

두상 곡면에 따라 섹션한 후 B · P는 수평으로 컷한다.

다음 섹션은 2cm씩 타서 진행한다.

두상 곡선에 따라 섹션한 후 진행한다.

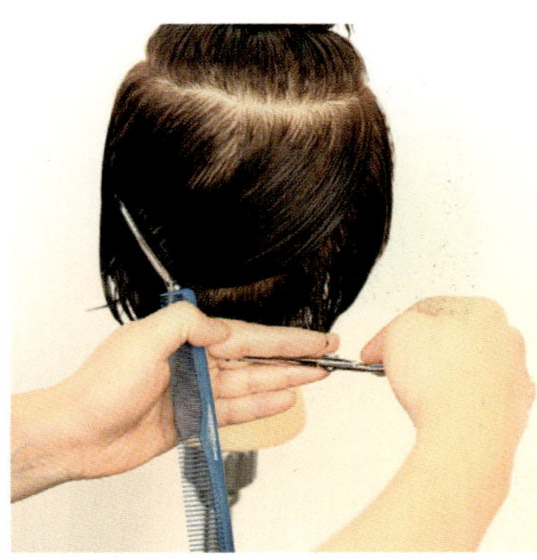

네이프는 수평 커트한다.

두상 곡선에 따라 사선 커트한다.

다음 섹션도 동일하게 진행한다.

네이프는 수평 커트하고 연결하여 커트한다.

B · P 지나서는 시술각을 낮추어 커트한다.

다음 섹션도 동일하게 진행한다.

왼쪽 네이프도 연결되게 진행한다.

왼쪽 사이드도 오른쪽과 동일한 방법으로 커트한다.

탑의 사선으로 앞쪽이 길어지게 커트한다.

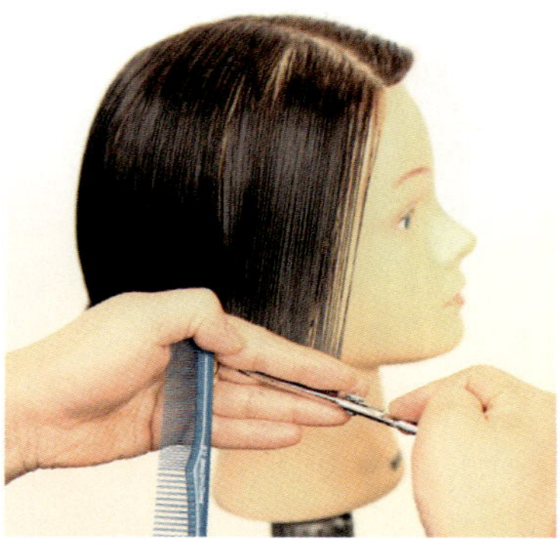

사이드와 디스커넥션 한다.

프런트까지 사선으로 길어지게 커트한다.

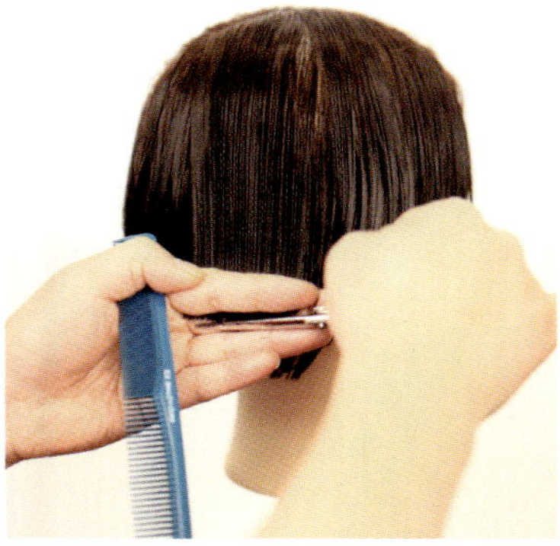

탑의 머리를 자연스럽게 빗어 커트한다.

센터를 지나 반대편 앞머리까지 당겨 커트한다.

오른쪽 앞머리를 가이드에 맞추어 커트한다.

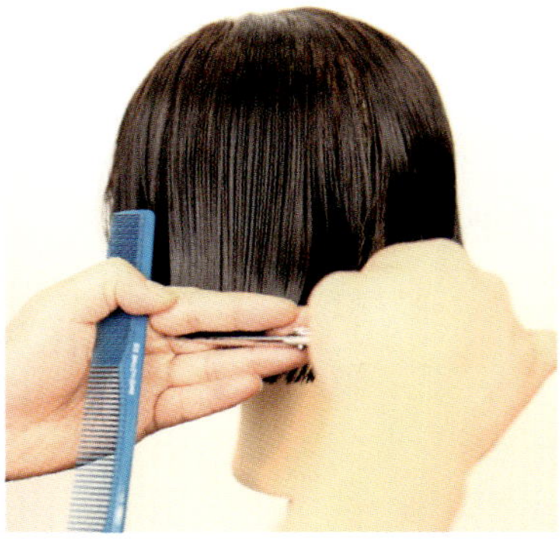

계속하여 뒤로 진행한다.

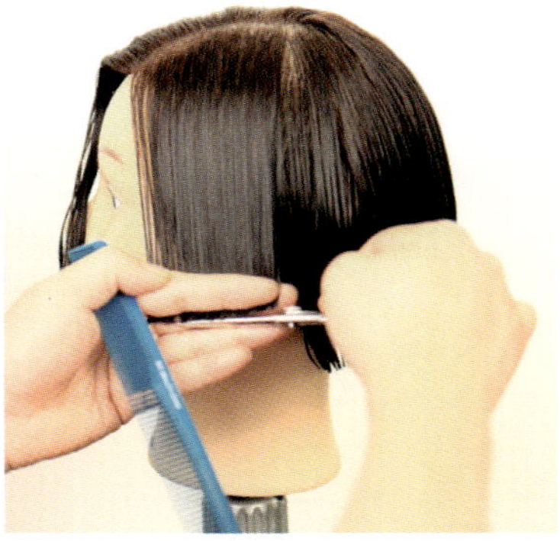

왼쪽 가르마를 기준으로 디스커넥션 한다.

뒤쪽으로 진행한다.

반대쪽 머리도 당겨 진행한다.

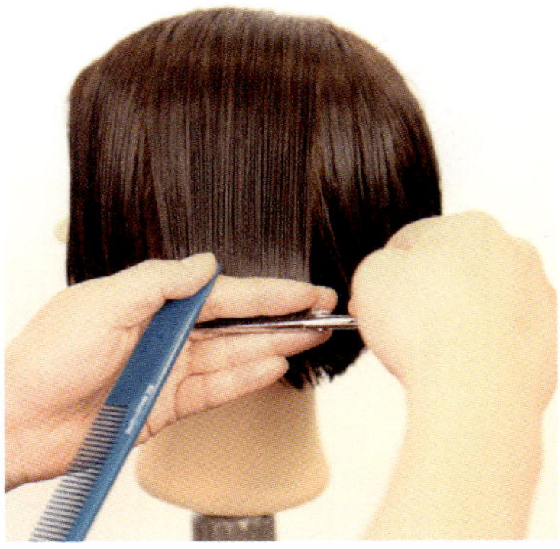

탑의 앞머리는 사선으로 앞쪽이 길어지게 커트한다.

사이드와 디스커넥션한다.

완성 1

완성 2

완성 3

MEMO

도해도 그리기

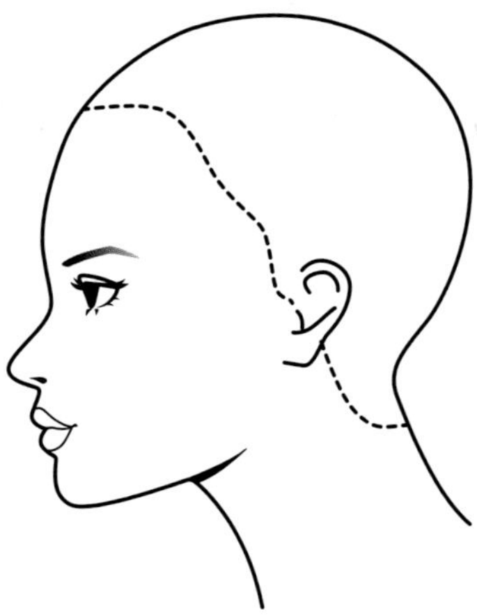

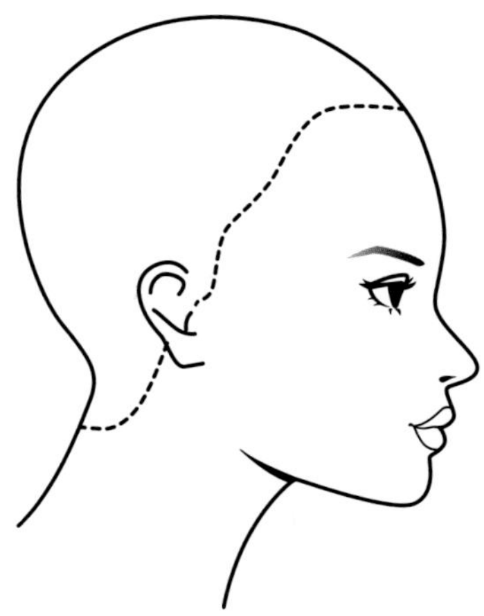

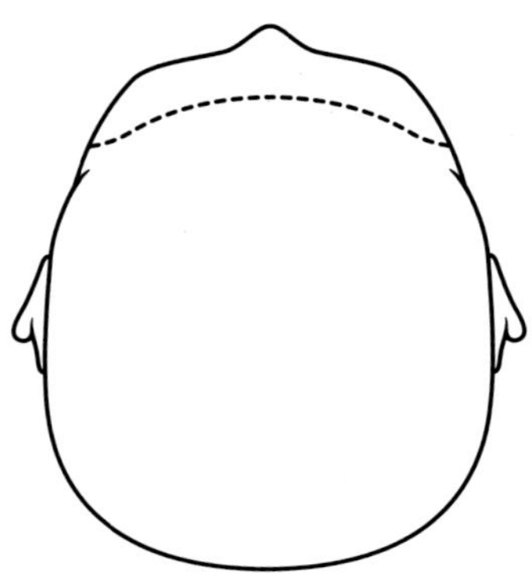

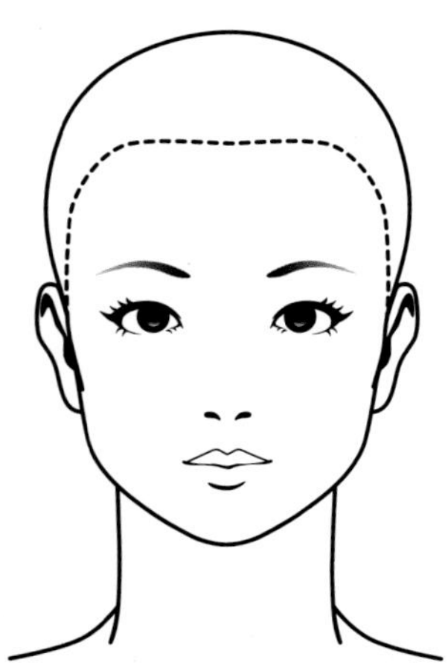

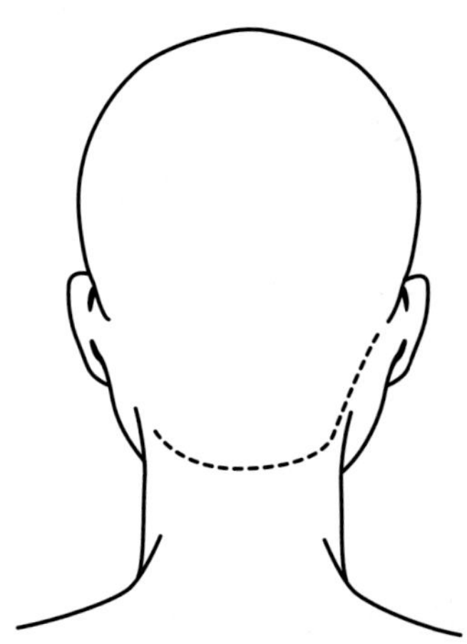

도해도 그리기

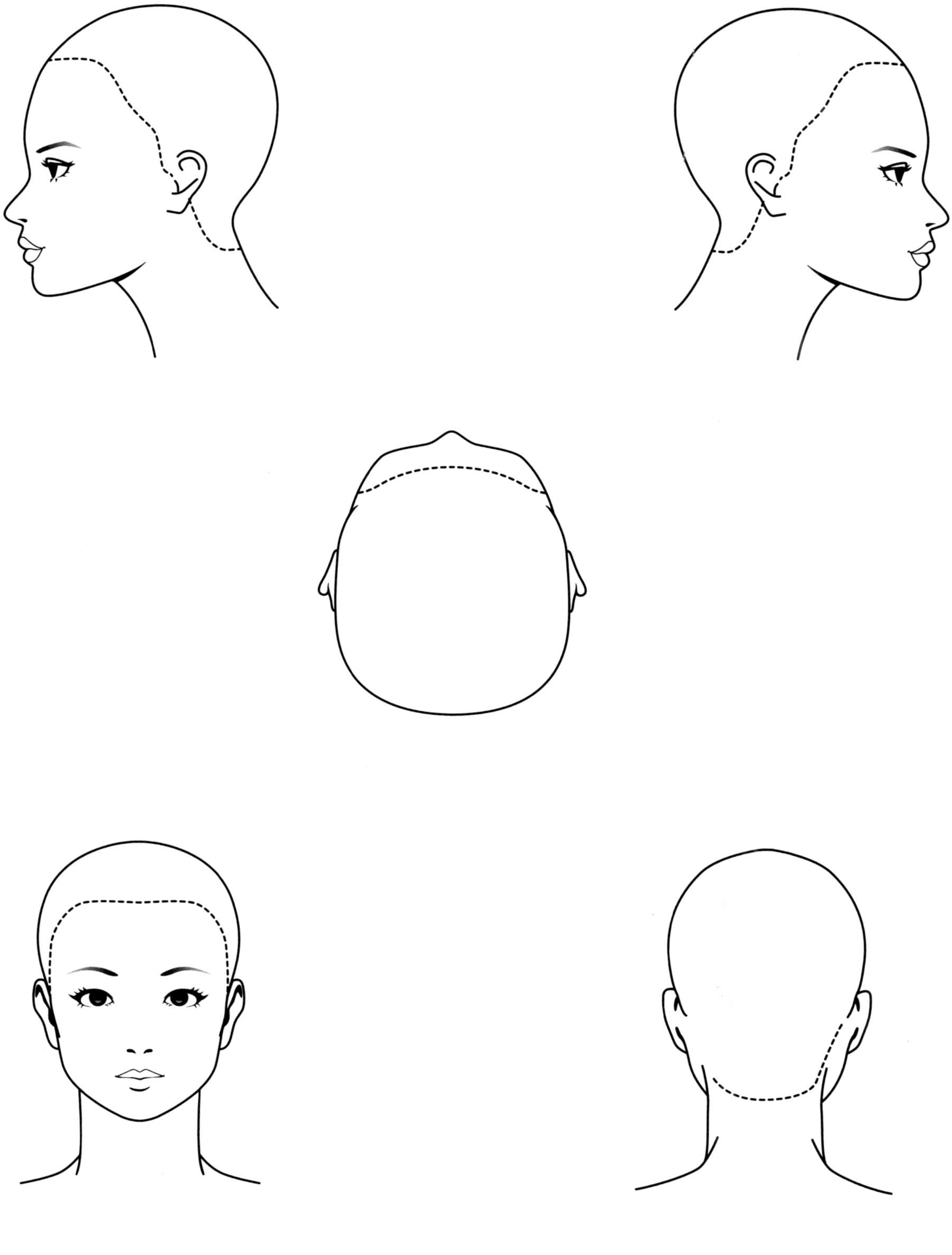

도해도 그리기

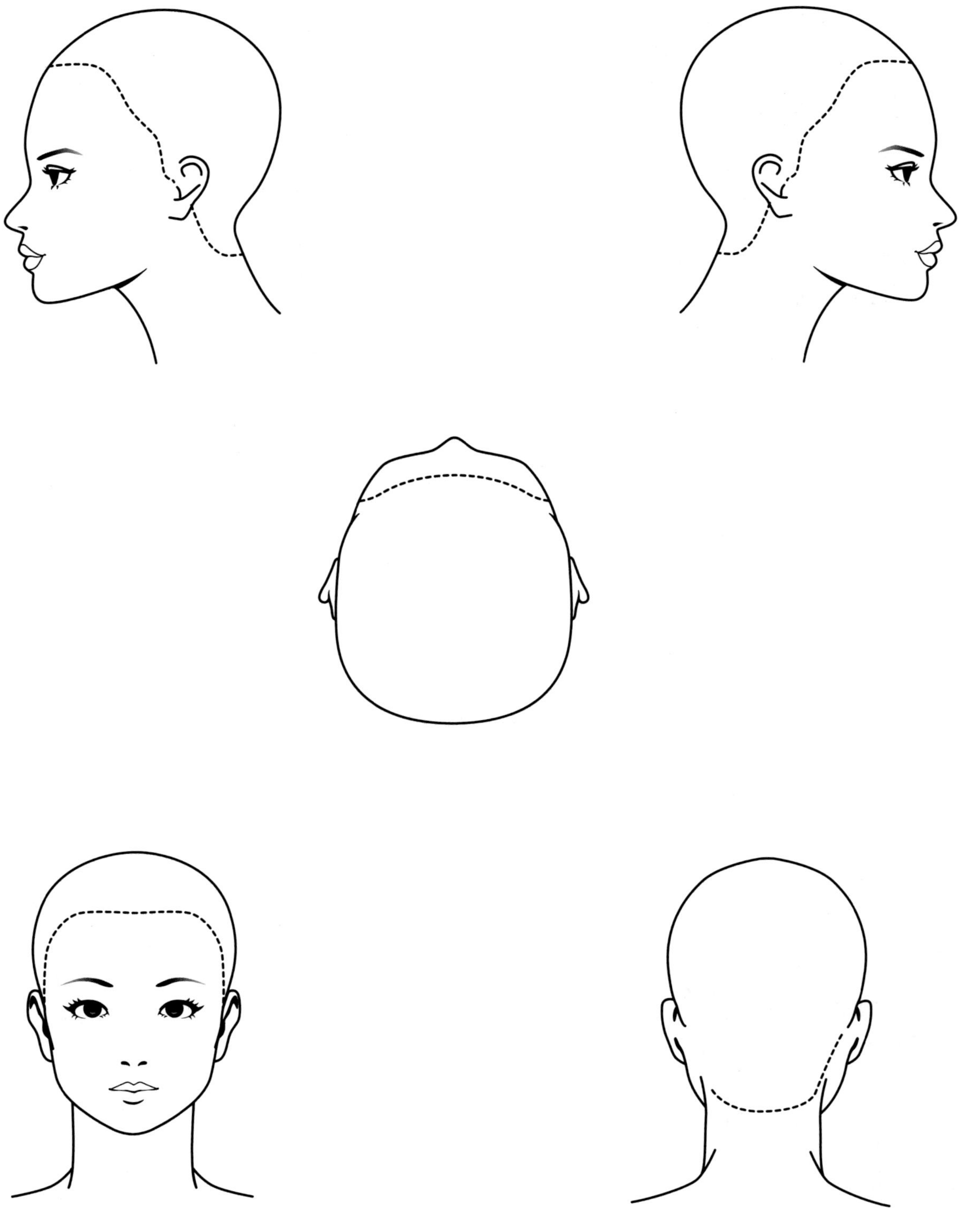

도해도 그리기

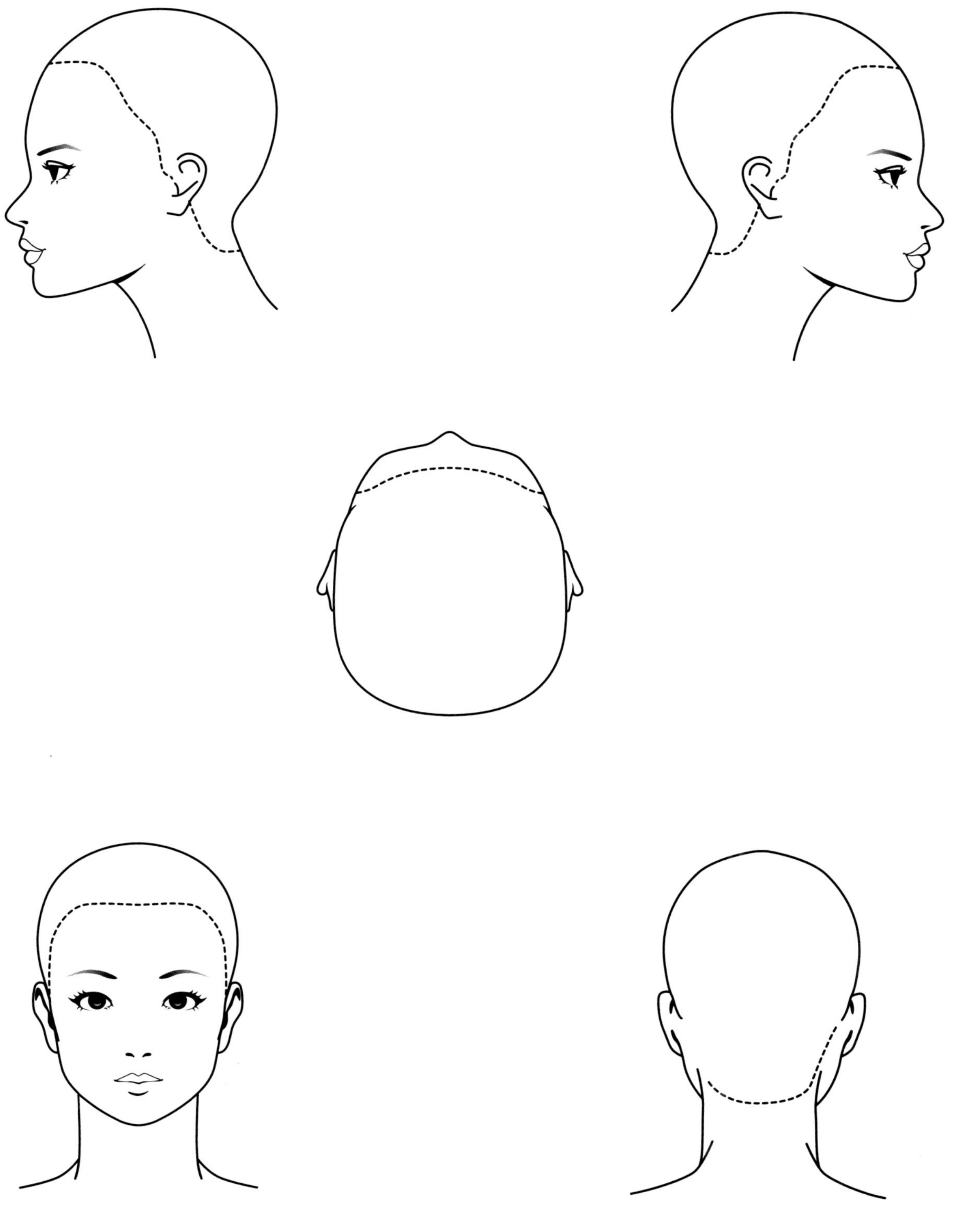

평가 결과서

담당교수		교과목명	응용헤어커트
학 번		영 역	1201010106_14v2.1 응용헤어커트 준비하기
이 름			1201010106_14v2.2 응용헤어커트 시술하기
평가일자			1201010106_14v2.3 응용헤어커트 마무리하기

	구 분	배 점	점 수	환산점수	비 고
종합 평가 점수	출석평가				
	직무능력평가 1차				
	직무능력평가 2차				
	직무능력평가 3차				
	재평가 가점				
	합 계	100%			

성취수준 판정

판정결과	성취수준		성취결과	
종합의견				
판정기준	성취수준	수행정도		평가점수(예시)
	5	해당 지식과 기술을 확실하게 습득하여 직무수행에 필요한 기술적 사고력과 문제 해결력을 토대로 주도적으로 완벽한 작업을 수행할 수 있다.		90~100
	4	해당 지식과 기술을 습득하여 직무수행에 필요한 기술적 사고력과 문제 해결력을 토대로 작업을 수행할 수 있다.		80~90
	3	해당 지식과 기술을 대부분 습득하여 직무수행에 필요한 지식과 기술을 가지고 대부분의 작업을 수행할 수 있다.		70~79
	2	해당 지식과 기술을 부분적으로 습득하여 직무수행에 필요한 지식과 기술을 가지고 타인과 공동으로 작업을 수행할 수 있다.		60~69
	1	해당 지식과 기술을 습득하는데 부족함이 있어 타인의 도움을 받아야만 작업을 수행할 수 있다.		59 이하

참고문헌

- NCS기반 응용헤어커트 / 손지연 외 1인 /구민사
- BASIC CUT / 김주섭 외 5인 / 구민사
- CUT BASIC 여성 커트 기본 / 공복례 / 구민사
- ZONE AND SECTION
- 커트 입문 / 주)가미소보코리아
- 이바 최신미용기술용어사전 / 도서출판 이바편집부 / 김기덕
- DOWO PLANNING INC.(JAPAN)

응용헤어커트

APPLY HAIR CUT

초판 인쇄 | 2015년 12월 10일
초판 발행 | 2015년 12월 20일

지은이 | 유세은 · 김주섭 · 이은진 · 김찬수
발행인 | 조규백
발행처 | 도서출판 구민사
(07301) 서울특별시 영등포구 문래로 187, 604
(영등포동4가 동서빌딩)

전화 | 02.701.7421~2
팩스 | 02.3273.9642
홈페이지 | www.kuhminsa.co.kr

등록 | 제14-29호 (1980년 2월 4일)
ISBN | 979-11-5813-112-8

값 26,000원